# GUIDE PRATIQUE DU GPS

## DU MÊME AUTEUR

P. Correia. – **Mon GPS en action.** *Créer et enrichir ses cartes avec Google Earth, Google Maps, OpenStreetMap…*
N°12668, 2010, 300 pages.

## CHEZ LE MÊME ÉDITEUR

T. Sarlandie. – **Programmation iOS 5 pour iPhone et iPad.** *Conception, ergonomie, développement et publication.*
N°12799, à paraître 2012, 280 pages

J. Chable, D. Guignard, E. Robles, N. Sorel. – **Programmation Android avec le SDK 3 et 4.**
N°12587, à paraître 2012, 500 pages.

S. Roberts. – **L'Art de l'iPhonographie.**
N°12986, 2011, 160 pages.

J.-M. Defrance. – **À la découverte de son iPhone.**
N° 12795, 2011, 206 pages.

Texto Alto. – **Le Guide pratique iPhone.**
N°13227, 2011, 158 pages.

R. Rimelé. – **HTML 5. Une référence pour le développeur web.**
N°12982, 2011, 604 pages.

R. Goetter. – **CSS avancées.** *Vers HTML5 et CSS3.*
N°13405, à paraître 2012, 400 pages.

GUIDE PRATIQUE DU

# GPS

6e édition

**PAUL CORREIA**

Préface de Richard Scauri





EYROLLES

ÉDITIONS EYROLLES
61, bd Saint-Germain
75240 Paris Cedex 05
www.editions-eyrolles.com

# Préface

Lors de mes stages de formation GPS auprès des Guides de haute montagne ou à l'ENSA (École Nationale de Ski Alpinisme), j'ai toujours recommandé le *Guide pratique du GPS* de Paul Correia comme ouvrage de référence à avoir dans sa bibliothèque.

Je l'ai également conseillé à tous les nouveaux utilisateurs qui se posent tant de questions sur les projections, les systèmes géodésiques et les « datums », soit pour reporter simplement leur position sur une carte papier, soit pour géoréférencer correctement la carte scannée de leurs terrains de jeu.

Cependant, je leur indique également que le GPS ne doit rester qu'une aide supplémentaire à « La Décision ». En effet, la décision qu'ils prendront un jour dans la tourmente, et dont pourront dépendre leur vie et celle de leurs compagnons, proviendra directement et naturellement de la confiance qu'ils auront pu acquérir dans ce système, mais également de leur maîtrise des méthodes traditionnelles (boussole, altimètre, carte).

Dans certains cas néanmoins, le GPS reste aujourd'hui la seule source fiable pour fixer sa position.

Ce *Guide pratique du GPS* fournit tous les éléments de cette connaissance qui permettra, en pratiquant régulièrement par beau temps, quand justement l'on n'en a pas besoin, de se forger cette confiance et d'en évaluer les limites. Le système GPS est une merveilleuse technique de positionnement si elle s'appuie également sur l'expérience et la connaissance de la montagne.

Richard Scauri

Formateur GPS auprès des
guides de haute montagne

# Préface de l'auteur

En écrivant cette sixième édition du *Guide pratique du GPS,* je mesure l'énorme progrès qu'ont subi, depuis la première édition écrite en 1999, non seulement nos récepteurs GPS et le système GPS dans son ensemble, mais aussi la façon d'utiliser cet instrument incontournable. À cette époque, les récepteurs GPS portables avec écran couleur n'existaient pas et n'affichaient pratiquement aucune information graphique. L'afficheur servait principalement à fournir les coordonnées géographiques et quelques autres données ; tout au plus, ils affichaient parfois un graphique simpliste représentant la route à suivre ou l'écart de route. Il fallait obligatoirement se servir d'une carte papier afin d'y reporter une position ou définir une route.

Le GPS était encore un système confidentiel utilisé par quelques marins ou pilotes d'avion et les récepteurs GPS étaient dans l'ensemble assez chers. La navigation automobile était pratiquement délaissée et il fallait un système sophistiqué doté de nombreux capteurs pour en équiper un véhicule. La précision du système était volontairement dégradée à 100 mètres par le gouvernement américain et, lorsqu'on était proche d'un émetteur de signaux différentiels GPS, il fallait disposer d'un onéreux et encombrant récepteur DGPS si on désirait en améliorer un tant soit peu la précision.

Aujourd'hui, nos habitudes ont complètement changé avec les nouvelles générations de récepteurs GPS. C'est l'automobile qui a propulsé les GPS dans la plupart des véhicules et des foyers. Ces récepteurs sont fournis avec une cartographie complète du pays ou même du continent dans son ensemble. Pour la majorité des utilisateurs, la notion de coordonnées est pratiquement inconnue. Il suffit généralement d'entrer une adresse postale et, après quelques secondes de calcul, le récepteur affiche une représentation en 3D de la route à suivre avec l'heure d'arrivée. Le système vous mènera à bon port comme le ferait un fidèle copilote, même en cas d'erreur de pilotage, de travaux ou de déviation.

La précision du système est devenue impressionnante avec tout d'abord la suppression de la dégradation volontaire, puis avec les nouvelles générations de récepteurs et de satellites GPS et, principalement, avec le déploiement du système WAAS en Amérique du Nord et d'Egnos en Europe. Aujourd'hui, tout utilisateur du GPS dispose d'une précision de l'ordre du mètre partout en Europe et en Amérique du Nord, ce qui était encore totalement impensable il y a seulement quelques années sans un équipement sophistiqué.

Comme le téléphone mobile, le GPS a littéralement révolutionné notre façon de vivre et nos habitudes. Désormais, peu de personnes seraient prêtes à prendre leur véhicule dans un lieu totalement inconnu, sans cet instrument indispensable. Cependant, tous les utilisateurs ont fait un jour l'expérience d'un raccourci des plus douteux proposé par son GPS ou même d'autres mésaventures plus ennuyeuses. Gardez à l'esprit qu'il ne faut pas toujours faire totalement confiance à votre GPS, mais connaître en détail cet appareil vous aidera dans bien des situations.

Paul Correia

gps.geolocalisation@free.fr
http://gps.geolocalisation.free.fr

# Table des matières

# Avant-propos

*« Un atterrissage impeccable restera toujours pour moi nimbé de magie, comme la réponse des étoiles à qui, tout à l'heure, j'avais demandé : "Où suis-je ?" Et les étoiles avaient répondu : "T'en fais pas, tu verras le cap des Aiguilles avant minuit". »*
*La longue route* – Bernard Moitessier.

Ce livre est destiné à tous ceux qui utilisent ou qui auront un jour à utiliser un récepteur GPS *(Global Positioning System)*, aussi bien au navigateur expérimenté qui désire utiliser au mieux son instrument, qu'au novice qui découvre les systèmes de positionnement, et ceci quel que soit leur moyen de locomotion. Ce livre présente comment exploiter le GPS avec les cartes terrestres ou les cartes marines les plus courantes ; il indique également comment établir une route et la suivre. De nombreuses informations et divers conseils sont fournis à ceux qui souhaitent connecter leur récepteur GPS à un ordinateur ou à d'autres appareils.

Cette sixième édition apporte les corrections sur les dernières informations concernant le positionnement par satellites et qui n'étaient pas encore disponibles lors de la précédente édition. De nombreuses données ont été mises à jour, dont celles concernant les nouveaux systèmes de positionnement comme Egnos ou le système européen Galileo. Les nouvelles techniques de positionnement qui équipent nos téléphones mobiles, tels que le système AGPS, sont également décrites dans cette nouvelle édition.

Tout au long de cet ouvrage, vous trouverez de nombreux conseils et mises en garde. Toutes les informations importantes sont indiquées dans un cadre spécial :

> ATTENTION
>
> Le navigateur prudent n'utilisera jamais d'informations, y compris celles provenant du GPS, dont il n'aura scrupuleusement vérifié l'origine et la véracité.

# Organisation de l'ouvrage

Dans cet ouvrage, après avoir retracé les grandes étapes et l'historique du GPS, nous présenterons au premier chapitre le système GPS et les principaux services fournis, et abordera également les limites du système. Au deuxième chapitre, les principes du fonctionnement du système seront ensuite décrits d'une façon simple, intelligible pour tout un chacun, quelles que soient ses connaissances. Le troisième chapitre est, quant à lui, spécialement dédié à la précision ainsi qu'aux sources d'erreurs pouvant survenir lors de l'utilisation du GPS.

Bien que ces trois premiers chapitres ne soient pas indispensables pour utiliser convenablement le GPS ni pour lire les chapitres suivants, ils ont pour but d'éclairer le lecteur et de décrire certains phénomènes et limites. Après cette revue théorique du système, la suite de ce guide est consacrée à l'aspect pratique et à l'utilisation du GPS.

L'inventaire des fonctions et des services fournis par la plupart des récepteurs disponibles dans le commerce est ensuite répertorié en détail au chapitre 4. Le GPS différentiel ainsi que tous les systèmes existants, en Europe, pour améliorer la précision du système sont abordés au chapitre 5. Ce dernier souligne particulièrement les récentes techniques visant à améliorer la précision et les services fournis pour le GPS, ce qui est le cas d'Egnos ou de l'AGPS.

Particulièrement important, le chapitre 6 indique les limites des cartes existantes et leur utilisation avec un GPS. Les principales cartes françaises fournies par les services de l'IGN et du SHOM sont étudiées ici en vue d'une utilisation pratique sur le terrain avec un GPS. Une importante place est accordée à la cartographie numérique. L'utilisation de cartes étrangères est également abordée.

Le chapitre 7 décrit comment établir simplement une route puis la suivre tout en tenant compte des limites inhérentes au GPS. Ce chapitre trouve son intérêt dans la description de la meilleure exploitation d'un récepteur GPS et les moyens d'éviter les éventuelles mauvaises indications de l'appareil. La présente édition mise à jour de ce livre tient compte des modifications de la précision et de leurs implications dans l'utilisation du GPS.

Le chapitre 8 présente l'essentiel sur les connexions à un récepteur GPS et leurs écueils. Les sites Internet proposant des logiciels destinés au GPS ont été mis à jour dans cette édition.

Au chapitre 9, nous aborderons les problèmes liés à la réception ainsi que les moyens pratiques d'y remédier. Une partie théorique sur les signaux est ensuite destinée à ceux qui souhaitent en savoir plus sur les informations et les signaux émis par les satellites. Ce chapitre explique certaines des limites du GPS.

Au chapitre 10, nous expliquerons quelle confiance accorder au système et les moyens disponibles pour détecter un dysfonctionnement. Nous terminerons cet ouvrage par un aperçu de l'avenir du GPS et des autres moyens de navigation existants ou en préparation.

En annexe, une table de translation des principaux systèmes géodésiques mondiaux permettra de configurer un récepteur GPS pour l'utilisation de cartes de provenance étrangère.

Un glossaire permettra de retrouver l'explication des principaux termes utilisés dans cet ouvrage ou tout autre document traitant du GPS.

# Questions/réponses

## Quelle est la véritable précision du GPS ?

On considère aujourd'hui qu'un bon récepteur GPS permet généralement une précision horizontale de l'ordre de trois mètres et une précision verticale de l'ordre de cinq mètres. L'utilisation d'un récepteur employant les corrections Egnos permet aujourd'hui d'atteindre une précision horizontale de l'ordre d'un mètre. Mais ces précisions ne peuvent pas toujours être garanties : elles peuvent varier dans des proportions non négligeables suivant le lieu et les conditions. Le chapitre 3 décrit quelles sont ces conditions et comment évaluer la précision fournie par l'appareil.

## Le GPS est-il réellement disponible partout et tout le temps ?

Bien qu'il couvre à peu près toute la surface du globe, le GPS n'est pas vraiment disponible partout : certaines forêts aux feuillages extrêmement denses ne permettent pas de recevoir les signaux des satellites ; certains émetteurs ou phénomènes naturels provoquent des interférences empêchant complètement le fonctionnement des récepteurs GPS. Le chapitre 9 présente les cas où le fonctionnement du GPS peut être perturbé et comment se prémunir de certains problèmes de réception.

## Est-il toujours fiable et dans quelles conditions ?

Le GPS est considéré comme un instrument donnant des indications très fiables. Cependant, dans certaines circonstances, parfois dues à l'utilisateur, les récepteurs fournissent des indications erronées. Des conditions de réception difficiles, par exemple lorsque peu de satellites sont visibles, peuvent conduire à une grande imprécision (chapitre 3). Le passage en mode 2D par le récepteur peut provoquer un décalage de plusieurs centaines de mètres (chapitre 4 et 7). L'utilisation d'un mauvais système géodésique peut également provoquer des erreurs du même ordre (chapitre 6).

## Lorsque j'utilise mon GPS, puis-je être localisé par les satellites ?

Le fonctionnement des satellites GPS est bien plus simple que ce l'on pense généralement. Les satellites se contentent de transmettre des signaux comme le ferait un simple émetteur de radio, indiquant où se trouve le satellite dans l'espace. Ils ne reçoivent aucune information des récepteurs GPS et ne peuvent donc pas déterminer la moindre position.

La position et toute autre information sont entièrement calculées par le récepteur GPS. Ce dernier ne transmettant aucun signal, personne ne peut vous localiser lorsque vous vous servez de votre GPS. Seuls les téléphones mobiles incluant une puce GPS utilisant le système AGPS peuvent être localisés par l'opérateur de téléphonie. Le chapitre 1 décrit le fonctionnement du système GPS et le chapitre 5 celui de l'AGPS.

## Pourquoi le GPS m'indique-t-il parfois un chemin incorrect ?

Il arrive parfois que votre récepteur GPS vous fasse passer par un chemin incorrect (voie sans issue, voie fermée, sens interdit…). Ceci n'est nullement dû au système GPS lui-même, mais à une erreur de calcul de l'itinéraire qui peut avoir pour cause des cartes qui ne sont pas à jour, des erreurs de cartographie, un itinéraire trop long ou trop compliqué à calculer, le manque de mémoire de l'appareil ou encore un bug du logiciel de calcul (chapitre 7).

## Existe-t-il des moyens pour augmenter sa précision ?

Il existe de nombreux systèmes et procédés pour augmenter la précision et la fiabilité du GPS. Le GPS différentiel, avec aujourd'hui le système Egnos en Europe ou WAAS en Amérique du Nord, en est l'un des moyens les plus connus et les plus répandus. Le chapitre 5 décrit le fonctionnement et l'utilisation de ce système. D'autres procédés, tels que le calcul d'une moyenne sur une position fixe pendant un temps assez long, permettent d'annuler une partie des erreurs et d'obtenir un résultat d'une très bonne précision. Certains récepteurs GPS sont pourvus de cette fonction (chapitre 4) ; des programmes informatiques permettent également d'effectuer ce type de calcul (chapitre 8).

## Quels sont les pièges à éviter lors de son utilisation ?

De nombreux pièges guettent l'utilisateur du GPS. Parmi les erreurs courantes, la confusion entre système décimal et sexagésimal (chapitre 6) ou l'introduction et l'utilisation de mauvais waypoints (chapitre 7). De nombreux problèmes rencontrés sont dus à une mauvaise utilisation ou à une méconnaissance des cartes ; il serait trop long de vouloir les énumérer ici. Les erreurs le plus souvent rencontrées sont signalées au fil de l'ouvrage par un cadre spécial sur fond gris, portant la mention « Attention ».

## Comment utiliser le GPS avec la plupart des cartes maritimes ou terrestres ?

Chaque type de carte possède sa propre particularité. Ainsi est-il préférable, avec une carte marine, de travailler avec les coordonnées en degrés, alors qu'avec une carte terrestre, il est bien plus facile d'utiliser le système UTM présent sur les cartes récentes de l'IGN. Le chapitre 6 explique comment exploiter la plupart des cartes papier françaises. Les cartes étrangères ne sont pas oubliées : en annexe, une table de systèmes géodésiques permet l'utilisation de ces cartes.

## Comment établir une route à l'aide du GPS ?

L'établissement d'une route est l'une des opérations les plus importantes et les plus délicates lorsque l'on prévoit d'effectuer une excursion dans un lieu inconnu. Elle consiste à définir des points, appelés waypoints, par lesquels on devra passer. Suivant le moyen de locomotion et le lieu, ces waypoints seront joints par des lignes droites ou en suivant un chemin plus ou moins matérialisé. Le chapitre 7 expose comment établir une route suivant le lieu et les conditions. Il souligne les différents pièges à éviter lors de cette préparation et lors de la navigation.

## La précision fournie par Egnos est-elle vraiment utile pour une utilisation courante ?

N'importe quel récepteur GPS sans aucune correction WAAS/Egnos peut aujourd'hui nous positionner, avec une erreur inférieure au demi-millimètre sur les cartes les plus précises que l'on trouve couramment dans le commerce. Alors, quel est l'intérêt de la précision apportée par les récepteurs compatibles WAAS/Egnos ? Est-ce bien utile de se positionner à moins d'un dixième de millimètre sur une carte quand on sait qu'aucune carte n'atteint cette précision ? Nous verrons dans cet ouvrage comment Egnos peut nous offrir bien d'autres avantages. Par exemple, il est difficile de suivre la direction fournie par un récepteur GPS pour atteindre un objectif situé à moins de cinquante mètres ; Egnos permet à notre récepteur d'indiquer avec précision le cap à suivre pour atteindre un objectif situé à une dizaine de mètres (voir chapitre 7, section *Suivre une route*). L'intégrité apportée par Egnos nous donne également un surcroît de sécurité. Ainsi, alors que la défaillance d'un satellite peut affecter la précision fournie par le récepteur de plus d'une centaine de mètres, et ceci pendant plusieurs heures, Egnos permet au récepteur d'être averti de toute défaillance en moins de six secondes et de garantir la précision fournie, quelle que soit la situation. Egnos permet de prévoir pendant combien de temps la position fournie sera tout à fait fiable ; cette information peut s'avérer essentielle pour un avion en phase d'atterrissage.

# Avertissement

Le GPS est un système imaginé, développé et mis en œuvre par le département de la Défense américaine. La majorité des publications relatives au GPS était jusqu'à très récemment uniquement réalisée aux États-Unis, et donc en langue anglaise. Le nombre de termes et de sigles relatifs au GPS est très important (voir le glossaire en fin de livre) et presque exclusivement en langue anglaise. Il serait vain, voire téméraire, de vouloir traduire tous ces termes et sigles en français. Vous trouverez une explication ainsi qu'une traduction lorsqu'elle est possible dans un glossaire à la fin de ce livre.

Cet ouvrage est le fruit de nombreuses recherches, d'études et de discussions avec des experts et utilisateurs du GPS. Beaucoup d'informations concernant le GPS sont toujours classées « secret défense » par l'armée américaine. Certains renseignements contenus dans ce livre n'ont pu être obtenus que par des observations ; celles-ci peuvent être très variables suivant le matériel et les conditions dans lesquelles elles ont été effectuées. L'auteur a toujours essayé de n'utiliser et de ne publier aucune information sans l'avoir soigneusement vérifiée et recoupée. Malgré l'attention portée à sa rédaction, l'auteur et son éditeur ne peuvent cependant assumer une quelconque responsabilité du fait des informations contenues dans cet ouvrage.

Comme il le sera souligné tout au long de cet ouvrage, le GPS doit être considéré comme une aide précieuse à la navigation : il faut en tirer le meilleur parti tout en étant conscient de ses limites.

## GPS et récepteur GPS

Bien que le terme GPS désigne normalement le système GPS dans son ensemble, c'est-à-dire les satellites, les stations de contrôle et les récepteurs GPS, il est maintenant admis dans le langage courant pour désigner les récepteurs GPS eux-mêmes ou plus généralement les systèmes de navigation. Dans cet ouvrage, nous emploierons donc le mot GPS lorsqu'il n'y a pas de confusion possible pour désigner le récepteur GPS. Si une confusion éventuelle se présente, nous emploierons plutôt le terme récepteur GPS.

# Remerciements

Ce livre est dédié à tous ceux qui ont apporté – volontairement ou non – leur contribution à la rédaction de cet ouvrage ; à tous les experts et navigateurs pour les précieux renseignements qu'ils m'ont fournis ; à tous les utilisateurs et principalement aux débutants qui m'ont permis de déterminer quels étaient leurs besoins et leurs attentes ; aux services de l'IGN et particulièrement à Jean-Pierre Pirat pour avoir gracieusement fourni les paramètres de transformation des systèmes géodésiques des territoires français d'Outre-mer vers le système WGS 84, à Cyrille Dumas-Pilhou du Bureau Géodésie Nivellement (BGN) de Nouméa pour avoir fourni les corrections des paramètres de transformation des systèmes géodésiques de Nouvelle-Calédonie, à l'Institut Français de Navigation en la personne de M. André Fleury pour ses remarques pertinentes, au Dr Javier Ventura-Traveset, ingénieur principal du système Egnos, pour ses précieuses informations sur le système Egnos, à Marc Jeannot, ingénieur système navigation au CNES ; à toute l'équipe des éditions Eyrolles pour leurs soutien, conseils et suggestions, et à tous les fidèles lecteurs pour leurs commentaires sur les précédentes éditions de ce livre, ainsi qu'à ma femme Vana, pour sa grande patience pendant la rédaction de cet ouvrage.

À tous ceux-là, et à tous ceux que j'aurais pu oublier, merci.

chapitre

# 1

# Le système GPS

« *Mes droites de hauteur (imprécises par ce temps) m'inquiètent aussi : elles me placent 60 milles plus à l'est que l'estime. En fait, je me suis trompé de ligne en lisant les tables HO 249... Si j'ai de la chance de ne pas prendre une vague dans la gueule au moment de la méridienne, je saurai où j'en suis.* »
*Globe-flotteur* – Antoine.

Depuis son origine, l'homme a toujours eu besoin de se repérer dans des lieux inconnus ou peu familiers. Il a de tout temps eu recours à des méthodes ou des systèmes plus ou moins fiables et compliqués pour pouvoir s'orienter et rejoindre un lieu déterminé.

Aujourd'hui, un récepteur GPS tient dans le creux de la main et permet de connaître instantanément sa position avec une erreur inférieure à quelques mètres, quels que soient le lieu, l'heure ou les conditions météorologiques. Il permet de connaître la distance et la direction de tous les lieux connus. De nombreuses informations utiles sont également fournies en permanence par le récepteur GPS, comme la vitesse et la direction de déplacement, l'heure, le jour ou bien encore une estimation de l'heure d'arrivée. Son utilisation ne requiert généralement aucune compétence particulière, il suffit de mettre en marche le récepteur GPS comme n'importe quel récepteur radio et d'attendre que la position soit affichée.

Le positionnement est aujourd'hui une information vitale pour un grand nombre de professionnels et concerne notamment la marine, l'aviation, la défense nationale, les opérations de sécurité et de sauvetage, le suivi et la gestion de flotte de véhicules, les pêcheurs ou bien les relevés topographiques. Cependant, le GPS est de plus en plus utilisé pour les loisirs tels que la randonnée pédestre, équestre ou à VTT, le yachting, la navigation aérienne, les expéditions, la pêche ou les compétitions (rallyes, raids ou régates). Le récepteur GPS fait aujourd'hui partie de l'équipement de base de tout bateau ou avion. Les constructeurs d'automobiles en équipent maintenant de nombreux véhicules et il est très facile d'installer un système de navigation personnel sur n'importe quel véhicule automobile en quelques secondes. Aujourd'hui, nos téléphones portables, nos ordinateurs de poche et même nos montres en sont équipés.

Le GPS ouvre la voie à des applications nécessitant une précision jusqu'alors très difficile ou impossible à atteindre, notamment pour le guidage de véhicules, les mesures de courants marins ou aériens, la surveillance de plaques tectoniques ou l'exploration géophysique. L'exploitation civile du GPS offre des améliorations notables en matière de sécurité et d'efficacité dans le transport et le commerce.

Le système de positionnement global par satellites GPS a été introduit en 1978 par le département de la Défense américaine, afin de remplacer tous les systèmes de positionnement peu performants ou trop contraignants de l'époque. Cependant, il n'a vraiment été accessible au grand public que vers le milieu des années 1980, et en moins de dix ans, il a complètement détrôné tous les autres systèmes de positionnement existants : Decca, Loran, Satnav, etc.

Le système GPS est composé de 24 satellites de radionavigation répartis autour de la Terre à une altitude d'environ 20 000 kilomètres. Ces satellites émettent en permanence des informations qui permettent à n'importe quel récepteur GPS de déterminer sa position 24 heures sur 24, quel que soit le lieu, sur la terre, la mer ou dans les airs. Ce système compte également des stations terriennes qui contrôlent en permanence les satellites. Le système est entièrement financé, géré et contrôlé par l'US Air Force pour le gouvernement des États-Unis. Cependant, les civils ont également le droit d'utiliser certaines informations émises par les satellites.

Si, dans sa version civile, le GPS permet d'indiquer une position avec une incertitude inférieure à 9 mètres, il ne faut pas oublier que, parfois, la précision est nettement moins bonne. Dans 5 % des cas, ce qui représente au total plus d'une heure par jour, la précision peut se dégrader bien au-delà de cette valeur si les conditions sont très mauvaises. À certains endroits, des émetteurs différentiels permettent de réduire à moins d'un mètre l'incertitude de la position fournie par le GPS. Grâce à des équipements spécialisés, il est également possible d'obtenir une précision de l'ordre du centimètre. Le GPS est également en mesure de fournir l'heure avec une fabuleuse précision, inférieure à un millionième de seconde.

Le GPS représente un très grand progrès pour tous ceux qui ont besoin de connaître précisément leur position. Il est devenu un appareil incontournable pour beaucoup de professionnels mais également pour la pratique de nombreuses activités de loisir. Bien que son emploi soit des plus simples, une mauvaise utilisation du récepteur peut conduire à des erreurs importantes et parfois dramatiques. Un récepteur GPS possède des fonctions et des limites que l'on se doit de connaître si l'on désire utiliser au mieux toutes ses possibilités en toute sécurité.

## Historique

En 1963, la division spatiale de l'US Air Force accorde son soutien à l'étude d'un système de radionavigation initié par la société *Californian Aerospace Corporation*. Le projet porte la référence 621B.

Le 31 mai 1967, le premier satellite Timation est mis en orbite. Le système Timation, développé par le laboratoire de la recherche navale américaine

(NRL, *Naval Research Laboratory*), permettra de fournir des informations horaires très précises grâce à des satellites équipés d'horloges atomiques.

En avril 1973, le département de la Défense américaine (DoD, *Department of Defense*) décide de regrouper en un seul projet le système 621B de l'US Air Force et le système Timation de l'US Navy. Ce nouveau programme de positionnement et de navigation par satellites est toujours connu sous le nom de système 621B. Il sera plus tard appelé *Navstar Global Positioning System*, puis simplifié en Navstar GPS. Le but du projet est de fournir un moyen de positionnement totalement furtif, de réduire la vulnérabilité des stations terrestres de positionnement de l'époque et de couvrir la Terre entière. Ce système autorise un positionnement précis en 3 dimensions (horizontal et vertical), et renseigne sur la vitesse d'un mobile ainsi que sur l'heure exacte. Les signaux GPS seront disponibles n'importe où sur la Terre à n'importe quelle altitude, n'importe quand et quelles que soient les conditions météorologiques.

Le 14 juillet 1974, le premier satellite comportant une horloge atomique est mis en orbite. Ce satellite, d'abord appelé Timation-3, est renommé NTS-1 (*Navigation Technology Satellite 1*).

Le 22 février 1978, le premier satellite GPS est mis en orbite, suivi la même année, par trois autres satellites GPS.

Le 29 mars 1978, le premier satellite GPS est officiellement déclaré opérationnel.

En 1978, bien que le GPS ait été développé à des fins strictement militaires, le département des Transports américains (DoT, *Department of Transport*) conclut un accord avec le DoD. Le GPS peut être utilisé par les services de transport civils, afin de réduire le nombre de balises de radionavigation aériennes civiles. Le système de positionnement standard (SPS, *Standard Positioning System*), une version dégradée du GPS, est alors mis en œuvre. Le système de positionnement précis (PPS, *Precise Positioning System*) est, lui, réservé à la défense américaine.

Le 12 octobre 1982, afin de se doter également d'un système de positionnement par satellites, l'Union soviétique lance le premier satellite Glonass.

Le 28 juin 1983, à la demande du président Reagan, le DoD annonce d'importants changements dans l'utilisation du GPS. Le SPS est alors accessible à l'échelle mondiale à des fins pacifiques et civiles. Sa précision est fixée à 100 mètres en horizontal, avec une probabilité de 95 % et une possibilité de dégradation du système à volonté par l'armée en cas de besoin. Le DoT est nommé responsable de la bonne implémentation du GPS à des fins civiles, et de l'interface entre les civils et le département de la Défense américaine.

Le 10 janvier 1987, le système géodésique WGS 84 est adopté par le GPS pour tous les calculs de position.

Le 14 février 1989, le premier satellite du bloc II est mis en orbite. Il ne s'agit plus de satellites de recherche et de développement comme ceux du premier bloc, mais de satellites totalement fonctionnels et opérationnels. Ces nouveaux satellites sont beaucoup plus précis ; ils peuvent ainsi rester 14 jours sans aucun contact avec les stations au sol, tout en conservant une précision suffisante.

Le 4 juillet 1991, les messages de navigation émis par les satellites du bloc II pour une utilisation civile sont volontairement dégradés par manipulation des informations transmises. Cette technique de manipulation est appelée SA (*Selective Availability*).

En septembre 1991, sur les recommandations de l'Organisation internationale de l'aviation civile (ICAO), les États-Unis décident que, à partir de 1993, le SPS sera accessible librement à l'échelle planétaire pour une durée minimale de 10 ans, et il observera une précision au moins identique à celle qui est spécifiée pour les transports civils. En 1992, les États-Unis s'engagent, au minimum 6 ans à l'avance, à faire part de toute décision éventuelle d'arrêter le GPS ou de supprimer le SPS.

Le 9 juillet 1993, l'administration de l'aviation américaine (FAA, *Federal Aviation Administration*) approuve l'utilisation du GPS par les opérateurs de l'aviation civile.

Le 8 décembre 1993, le secrétaire de la Défense américaine annonce le GPS IOC, indiquant que 24 satellites GPS des blocs I, II et IIA sont opérationnels sur leur orbite et utilisables pour la navigation.

Le 17 février 1994, le FAA annonce que le GPS est opérationnel et fait partie intégrante du système de contrôle du trafic aérien des États-Unis.

Le 17 juillet 1995, le GPS FOC est annoncé par l'US Air Force, qui indique que 24 satellites des blocs II et IIA sont opérationnels sur leurs orbites assignées et répondent aux exigences spécifiées par l'armée américaine. Il aura donc fallu plus de 30 ans de recherches, de travaux et d'efforts pour que le concept d'un système de positionnement par satellites devienne complètement opérationnel.

Le 3 août 1995, le FAA communique qu'un contrat avec la société Wilcox Electric a été établi pour le développement et l'installation d'un système visant à améliorer les performances civiles du GPS. Ce système est appelé WAAS.

Le 29 mars 1996, le président des États-Unis approuve un texte de « l'office des sciences et technologies » qui propose de supprimer la disponibilité sélective (SA) dans les dix années à venir.

Le 18 juin 1998, l'Union européenne approuve le développement et le déploiement du système Egnos compatible avec le système américain WAAS, qui permettra à l'Europe d'améliorer les performances du GPS tout en garantissant l'intégrité du système. Egnos sera une première étape dans le programme européen Galileo de positionnement par satellites.

Le 2 mai 2000, la dégradation volontaire des signaux émis par les satellites GPS est totalement supprimée. La précision fournie par tous les récepteurs GPS civils passe alors de 100 à 22 mètres. Cette modification entraîne d'importants changements dans l'utilisation du GPS. Toutefois, en cas de conflit, l'armée américaine se réserve le moyen d'interdire toute utilisation du SPS dans la zone des combats. En dehors de cette zone, le GPS continue à fonctionner normalement et fournit une précision normale.

Le 26 mars 2002, malgré de nombreuses tentatives et pressions de la part des Américains pour faire avorter le projet de navigation satellitaire européen, le Conseil européen approuve totalement le projet Galileo et débloque les 450 millions d'euros nécessaires à la phase de développement du projet.

Le 6 juin 2003, le système européen de positionnement par satellites Egnos émet son premier signal expérimental depuis l'espace.

Le 26 juin 2004, après trois années de négociation, un accord est signé entre l'Union européenne et les États-Unis garantissant l'interopérabilité entre les systèmes GPS et Galileo. Les deux systèmes seront complètement compatibles et complémentaires. Les récepteurs GPS seront en mesure d'utiliser les satellites des deux systèmes.

Le 25 septembre 2005, le premier satellite GPS comportant un nouveau signal ajouté à la porteuse L2 (L2C – L2 Civil) est mis en orbite. Ce signal, accessible aux civils, permettra d'améliorer considérablement la précision du GPS vers 2016 lorsque 24 de ces satellites seront en orbite et que des récepteurs capables de recevoir et d'utiliser ce nouveau signal seront disponibles.

Le 28 décembre 2005, le premier satellite Galileo, Giove-A (*Galileo In-Orbit Validation*), est mis en orbite par un lanceur Soyouz et il est positionné à une altitude de 23 260 km. Il s'agit d'un satellite expérimental qui a pour principale mission d'occuper les fréquences attribuées à Galileo par l'Union Internationale des Télécommunications, mais c'est la première étape du programme européen de navigation par satellites destiné à concurrencer le système américain. Le 12 janvier 2006, le satellite Giove-A transmet ses premiers signaux vers les stations terriennes.

Le 23 avril 2008, après l'échec d'un programme de cofinancement par les industriels, le Parlement européen alloue 3,4 milliards d'euros sur des fonds communautaires permettant au projet Galileo de voir définitivement le jour.

Le 1$^{er}$ octobre 2009, le système Egnos, librement accessible par le grand public, est déclaré officiellement opérationnel. Bien qu'étant disponible et opérationnel depuis 2005, le système était jusqu'alors considéré en phase de test.

Le 2 mars 2011, le système Egnos est déclaré opérationnel pour la navigation aérienne. Ceci constitue la dernière étape nécessaire à l'utilisation du système Egnos par les avions dans toutes les phases de vol.

## Composition du système GPS

Lorsque nous parlons de GPS, nous pensons tout de suite à l'appareil qui sert à donner une position. Cependant, le système GPS ne se limite pas à cet instrument, puisqu'il se compose de trois éléments distincts, nommés « segments ». Le premier segment, composé des satellites, est appelé « segment spatial ». Le deuxième, qui comprend des stations de surveillance et de régulation, s'appelle « segment de contrôle ». Le dernier correspond aux récepteurs GPS et est dit « segment utilisateur ».

## Segment spatial

Le segment spatial (SS, *Space Segment*) est constitué d'une constellation de 24 satellites GPS (voir figure 1-1), appelés SV (*Space Vehicle*). Ils circulent à 20 200 kilomètres d'altitude et se répartissent sur 6 orbites distinctes à raison de 4 satellites par orbite. La figure 1-2 montre une représentation schématique de la disposition des satellites autour de la terre. Vers la fin 2011, cette constellation est étendue à 27 satellites afin d'en améliorer la couverture. En outre, d'autres satellites sont maintenus en réserve pour pallier toute défaillance.

Chaque orbite est inclinée de 55° par rapport à l'équateur, sachant qu'elles sont espacées de 60° les unes des autres. Chaque satellite effectue une révolution complète autour de la terre en 12 heures (orbite semi-synchrone), en suivant chaque jour le même chemin vu de la Terre. Il se présente 24 heures plus tard – moins 4 minutes dues au déplacement de la Terre autour du Soleil – exactement au même endroit et dans la même configuration par rapport aux autres satellites.

FIGURE 1-1 *Satellite GPS du bloc IIF*

Chaque satellite transmet en permanence un message de navigation indiquant sa position orbitale ainsi que l'heure exacte d'émission du message. Un almanach qui fournit la position et l'état de chaque satellite opérationnel est également transmis. Il sert aux récepteurs GPS pour localiser tous les autres satellites.

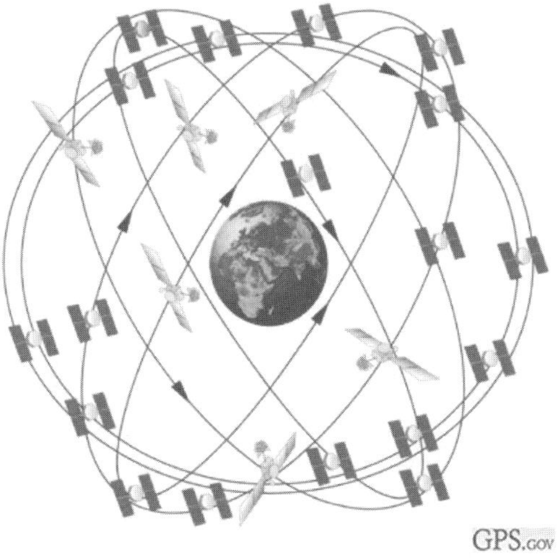


Figure 1–2 *Constellation de satellites*

Les premiers satellites mis en orbite jusqu'en 1989 étaient des satellites d'études et ne possédaient pas toutes les capacités des satellites actuels. L'ensemble de ces satellites était appelé bloc I. Aujourd'hui, plus aucun de ces satellites n'est encore en activité. Les satellites actuels appartiennent à l'ensemble appelé bloc II. Des satellites plus performants ont ensuite été mis en orbite et ont été appelés bloc IIA, puis blocs IIR, IIR(M), puis bloc IIF.

Tous les satellites des différents blocs II sont équipés de quatre horloges atomiques, deux au césium (Cs) et deux au rubidium (Rb). Ils peuvent ainsi rester 14 jours sans aucun contact avec les stations au sol, tout en conservant une précision suffisante. Ils possèdent une logique de diagnostic interne qui permet de détecter une grande partie des anomalies de fonctionnement et de prendre des mesures en conséquence. Dans l'hypothèse d'une destruction des stations terriennes[1], les satellites du bloc IIA peuvent continuer à transmettre leurs messages pendant une durée de 6 mois. Ces satellites n'étant pas capables de modifier leurs messages, leur précision se dégrade à mesure que l'orbite du satellite se modifie. En revanche, les satellites du bloc IIR peuvent créer leurs propres messages en fonction de leur orbite et donc rester très longtemps sans aucun contact avec la terre. La durée de vie d'un satellite est de 6 à 7 ans et demi.

Les satellites du bloc IIR(M) transmettent un deuxième signal (L2C) destiné aux civils, servant à améliorer la précision pour les applications commerciales. Les satellites du bloc IIF transmettent un troisième signal (L5) moins sensible aux émissions radars afin d'améliorer la réception près des aéroports et d'autres services de transports. La précision de l'horloge de ces derniers satellites a été améliorée et la durée de vie des satellites est portée à 12 ans.

## Couverture terrestre des satellites

L'arrangement des satellites permet d'avoir, dans 99,9 % des cas, un minimum de 4 satellites visibles à 5° ou plus au-dessus de l'horizon, avec un PDOP (voir chapitre 3, section *Diminution de la précision*) égal ou inférieur à 6, quel que soit l'endroit où l'on se trouve sur terre. Mais cela signifie également que, pendant une minute et demie par jour, le système GPS peut ne pas indiquer une position suffisamment fiable. En outre, si le lieu n'est pas parfaitement dégagé, c'est-à-dire si le ciel n'est pas totalement visible au-dessus de 5° de l'horizon, la couverture des satellites peut être totalement insuffisante. À quelques rares endroits du globe, dans des zones dites de réception difficile, cette couverture n'est pas assurée dans plus de 3 % des cas, soit environ 45 minutes par jour.

Il arrive aussi régulièrement que des satellites soient momentanément mis hors service. Généralement, cela est dû à une maintenance périodique ou à un problème technique. Normalement, un satellite n'est jamais hors service pendant plus de 24 heures ; il n'y a pas plus de quatre satellites mis

1. Par convention, les stations et les antennes, destinées à des liaisons avec des satellites ou d'autres engins spatiaux, sont appelées « terriennes » par opposition aux stations et antennes destinées à des liaisons uniquement terrestres.

hors service chaque mois et jamais plus de trois en même temps. Lorsque trois satellites le sont, la couverture peut être insuffisante pendant près d'une heure par jour.

Le nombre de satellites visibles varie tout au long de la journée, et il est en moyenne égal à huit. La figure 1-3 nous montre le pourcentage moyen de satellites visibles sur une période de 24 heures pour 24 satellites fonctionnels.

La couverture idéalement attendue n'est pas toujours respectée par les satellites. Ceci est dû au fait qu'ils ne se trouvent jamais exactement sur l'orbite prévue et que cette dernière fluctue en permanence en raison de phénomènes imprévisibles, tels que des variations de champs magnétiques.

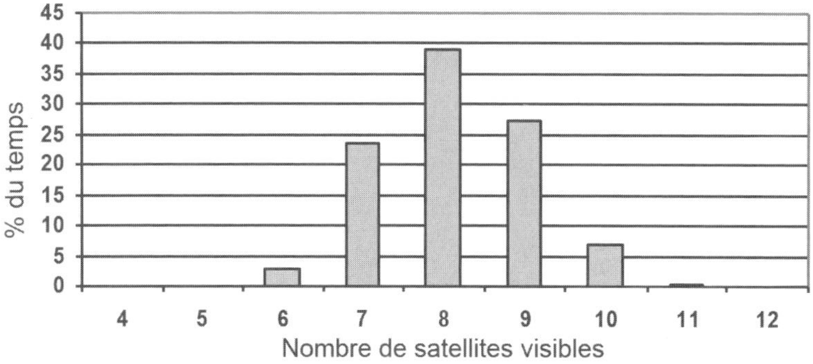


Figure 1-3 *Visibilité des satellites*

## Segment de contrôle

Le segment de contrôle (CS, *Control Segment*) est constitué de cinq stations de surveillance réparties autour de la planète. Il comprend également une station maître qui assure le bon fonctionnement du système en calculant les corrections à apporter aux messages émis par les satellites. Trois antennes terriennes assurent la transmission de ces corrections aux satellites. La figure 1-4 montre la répartition des antennes et des stations de contrôle.

Les cinq stations se situent à Hawaii, à Kwajalein dans les îles Marshall, dans l'île de l'Ascension, à Diego Garcia et à Colorado Springs. Leur rôle est de capter tous les signaux émis par les satellites, d'accumuler les messages reçus et de transmettre toutes les informations recueillies à la station maître. En 2005, six nouvelles stations de surveillance ont été ajoutées au segment de contrôle, permettant à chaque satellite GPS d'être observé en permanence par au moins deux stations, améliorant la précision des informations transmises et ainsi la précision du système. Ces nouvelles stations se situent aux États-Unis, en Équateur, en Argentine, en Angleterre, au Bahreïn et en Australie.

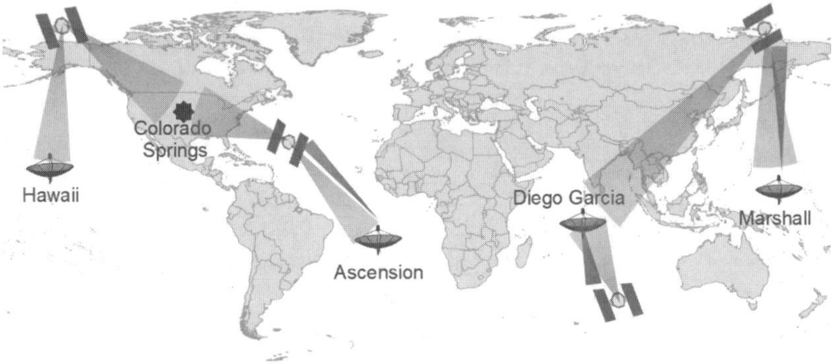


FIGURE 1-4 *Stations de contrôle*

La station maître, appelée MCS (*Master Control Station*) et localisée à Schriever Air Force Base à Colorado Springs, aux États-Unis, constitue le centre de contrôle général du système GPS. Elle reçoit les informations captées par les stations de surveillance, calcule l'orbite exacte de chaque satellite, évalue les informations nécessaires à la bonne marche du système, et envoie ensuite les corrections à apporter aux messages de navigation transmis par chaque satellite. La station MCS est également chargée de détecter tout dysfonctionnement et d'apporter les mesures correctives nécessaires, ainsi que d'assurer la maintenance normale des satellites. La station maître fonctionne toute l'année, 24 heures sur 24.

Les corrections, ainsi que l'almanach mis à jour, sont transmis à chaque satellite au moyen de trois antennes terriennes situées dans l'île de l'Ascension, à Diego Garcia et à Kwajalein. Des messages concernant l'état de fonctionnement des satellites sont également inclus dans les informations transmises.

Ces antennes servent aussi à recevoir et à transmettre d'autres informations de contrôle. Une quatrième antenne existe, généralement utilisée pour les essais de transmission préalables au lancement d'un satellite.

Le segment de contrôle a été prévu pour établir jusqu'à trois contacts par satellite chaque jour, ce qui garantit une précision suffisante au système. Cependant, deux contacts par jour suffisent le plus souvent pour la précision requise.

Chaque satellite est observé par les stations de contrôle au sol, pendant plus de 95 % du temps. Toutefois, il peut arriver qu'un satellite ne puisse être observé pendant une durée supérieure à une heure. L'intégrité du système peut alors s'en trouver dégradée si, pendant ce temps, le satellite est défaillant.

## Segment utilisateur

Le segment utilisateur comprend l'antenne de réception et le récepteur/calculateur GPS qui effectue tous les calculs à partir des messages de navigation reçus des satellites. Il peut ainsi fournir des informations sur la position, la vélocité, la route, l'heure et la date, ainsi que toutes autres informations nécessaires à la navigation. Il existe différents types de récepteurs suivant l'usage et la précision souhaitée (voir chapitre 4).

# Services fournis

Le GPS fournit deux types de positionnements, le positionnement précis (PPS) et le positionnement standard (SPS). Seul le positionnement standard est librement disponible, le PPS étant réservé à l'armée américaine.

## Le PPS

Le PPS (*Precise Positioning Service*) est un système de positionnement précis réservé à l'armée américaine et ses alliés, au gouvernement américain et à certains civils ayant une autorisation spéciale. L'utilisation du PPS nécessite un matériel spécifique ainsi qu'une clé qui consiste en un code d'utilisation fourni par l'armée américaine.

Certains civils peuvent toutefois accéder au PPS à condition :

- que ce soit dans l'intérêt des États-Unis ;
- qu'un niveau suffisant de sécurité puisse être respecté par l'utilisateur ;
- que l'utilisation du SPS ou du DGPS ne représente pas une alternative possible.

Les signaux du PPS sont transmis sur deux fréquences différentes, appelées L1 et L2, et qui contiennent le code de précision ou P-code. Le P-code est généralement crypté, on parle alors de Y-code. Lorsque le Y-code est transmis, le mode antileurre dit A-S (*Anti-Spoofing*) est activé. Le signal L2 est également utilisé pour déterminer le retard introduit par les couches de l'ionosphère. Le PPS n'étant normalement pas accessible aux civils, nous ne décrirons pas ce système.

## Le SPS

Le SPS (*Standard Positioning Service*) est la version civile du GPS. Les signaux du SPS sont transmis sur une seule fréquence, appelée L1, et qui contient le code d'acquisition dit « grossier » (C/A, *Coarse Acquisition Code*), ainsi que les différents messages de navigation.

En théorie, la précision fournie par le SPS est identique à celle du PPS. Cependant, les signaux du SPS étant transmis sur une seule fréquence, il n'est pas possible, en analysant le retard sur deux fréquences différentes, d'en déduire le retard introduit par l'ionosphère et d'effectuer ainsi des corrections. Certains récepteurs civils sont toutefois à même d'analyser le retard sur deux fréquences et d'effectuer les corrections nécessaires.

En cas de conflit, l'armée américaine peut supprimer totalement toute utilisation du SPS dans la zone de conflit, son fonctionnement restant inchangé en dehors de la zone de conflit.

# Contrôle et politique du GPS

Le GPS est entièrement mis en œuvre, financé et contrôlé par le département de la Défense américaine (DoD). Celui-ci est le seul à décider de l'implémentation du GPS et à contrôler les opérations du système, avec la coordination du département des Transports américains (DoT). Néanmoins, le DoD est prêt à étudier toute demande pouvant renforcer la sécurité des États-Unis et éventuellement celle de leurs alliés. De plus, il n'est pas exclu qu'un jour, un service spécial regroupant les militaires et les civils soit chargé du contrôle et du financement du GPS.

La politique du GPS est consignée dans un document publié conjointement par le DoD et le DoT appelé FRP (*Federal Radionavigation Plan*). Le but du FRP est de s'assurer que les objectifs des deux départements gouvernementaux américains sont bien atteints et qu'il n'y a aucune duplication des installations.

Un agrément a été signé entre le DoD et le FAA, pour que le GPS puisse être utilisé par toutes les compagnies aériennes mondiales. Cet agrément stipule également que les caractéristiques, et notamment la précision des signaux GPS, ne peuvent pas être modifiées sans l'accord du FAA. Seule exception, en cas de conflit : le président des États-Unis peut alors décider de supprimer l'accès au SPS dans la zone de conflit pour maintenir la sécurité de son pays.

Les signaux du SPS peuvent être librement utilisés par tout le monde à des fins pacifiques. De même, les récepteurs GPS peuvent être fabriqués, vendus et utilisés librement dans le monde. Cependant, le gouvernement américain interdit la fabrication, la vente et l'usage de tout récepteur GPS pouvant fonctionner à une altitude supérieure à 60 000 pieds (env. 18 000 mètres) ou à une vitesse supérieure à 999 nœuds (env. 1850 km/h).

Le gouvernement des États-Unis définit le SPS comme suit[1] :

*« Le SPS est un service de positionnement et de temps, fourni par les signaux de radiodiffusion du GPS sur la fréquence L1. La fréquence L1, transmise par tous les satellites, contient un code d'acquisition grossier (C/A) et un message comportant des données de navigation librement accessibles pour tout usage pacifique, qu'il soit civil, commercial ou scientifique. »*

1. The SPS is a positioning and timing service provided by way of ranging signals broadcast at the GPS L1 frequency. The L1 frequency, transmitted by all satellites, contains a coarse/acquisition (C/A) code ranging signal, with a navigation data message, that is available for peaceful civil, commercial, and scientific use.

chapitre

# 2

# Fonctionnement

*« … au moment où se généralise l'emploi du système de navigation GPS et où se prépare la carte électronique qui sera celle du prochain millénaire, il est bon de tempérer l'enthousiasme qui naîtrait de la facilité. L'emploi, sans précaution particulière, de ces instruments perfectionnés pourrait être à l'origine d'accidents nouveaux, peu probables lorsque le navigateur expérimenté ne dispose que de moyens classiques tels que le radar, le gyro et le loch. »*
*L'hydrographie, les documents nautiques, leurs imperfections et leur bon usage* – SHOM.

Le principe du positionnement par GPS se fonde sur la mesure de la distance entre le récepteur GPS et plusieurs satellites. La position de chaque satellite dans l'espace est connue avec une très grande précision par le récepteur. En effet, chaque satellite transmet en permanence sa position exacte par rapport à la Terre. En même temps que sa position, il indique l'heure exacte de transmission du message. En calculant le temps mis par les signaux pour arriver jusqu'au récepteur, on établit la distance du satellite.

Grâce à la distance et à la position d'un satellite, il est possible de tracer un cercle imaginaire, ou « cercle de positionnement », sur la surface de la Terre sur lequel se trouve obligatoirement le récepteur. Comme le montre la figure 2-1, l'intersection de plusieurs de ces cercles de positionnement permet de connaître la position exacte du récepteur.

S'il est facile pour le récepteur de déduire la position d'un satellite dans l'espace, comment mesure-t-il la distance qui le sépare de celui-ci ?

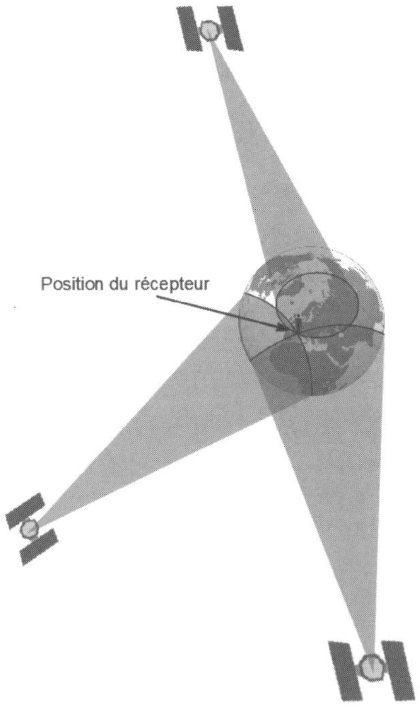


FIGURE 2-1 *Principe du positionnement par satellites*

# Mesure de la distance d'un satellite

La mesure de la distance séparant un satellite du récepteur se fonde sur la propagation des ondes électromagnétiques. Le temps mis par un signal pour parvenir au récepteur est directement proportionnel à la distance parcourue. Les signaux se propagent à la vitesse de la lumière, soit environ 300 000 kilomètres par seconde[1] ; plus le récepteur sera éloigné du satellite, plus le signal mettra de temps à lui parvenir (voir figure 2-2).

Lorsque nous nous trouvons quelque part à la surface de la Terre, le signal en provenance d'un satellite met pour nous parvenir entre 67 millisecondes[2], le satellite se trouvant au zénith, et 86 millisecondes, le satellite se trouvant alors près de l'horizon. Dans le premier cas, la taille du cercle de positionnement sera minimale, alors qu'elle sera maximale dans le deuxième cas. Dans la pratique, seuls les satellites se trouvant à plus de cinq degrés au-dessus de l'horizon sont utilisés ; les satellites se trouvant proches de l'horizon ne servent pas pour garantir une puissance et une qualité suffisante des signaux.

Afin que le récepteur mesure le temps mis par le signal pour lui parvenir, le satellite fournit l'heure exacte à laquelle le signal a été émis. Le récepteur compare l'heure d'émission et de réception du signal et en déduit la distance du satellite. Cette distance appelée pseudo-distance (*pseudorange*) permet de tracer un cercle de positionnement.

Cependant, le principal problème consiste à mesurer le délai avec une grande précision, lorsqu'on sait qu'une erreur d'un millionième de seconde provoque une erreur de 300 mètres sur la position. Pour qu'un récepteur possède une telle précision, il faudrait qu'il soit équipé d'une horloge atomique, identique à celle des satellites. Comme ce n'est pas possible, le récepteur devra donc ajuster son horloge interne par d'autres moyens.

1. La valeur de 299 792 458 mètres par seconde a été retenue pour tous les calculs du GPS.
2. Une milliseconde (ms) vaut un millième de seconde.

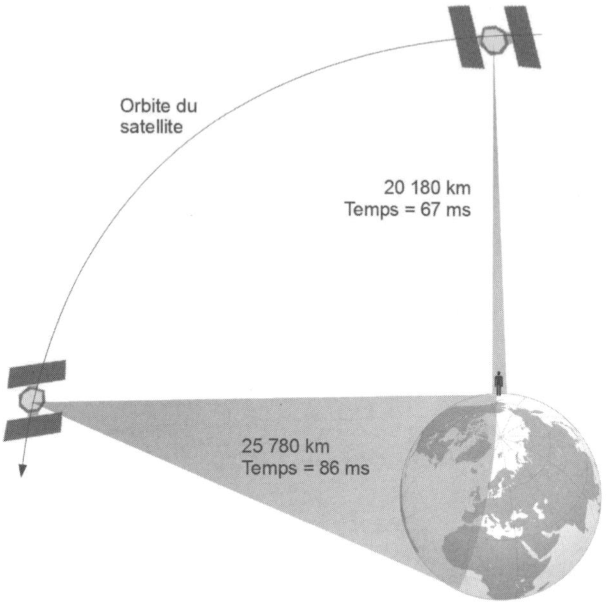


FIGURE 2-2 *Temps de propagation du signal émis par un satellite*

# Synchronisation de l'horloge du récepteur

Afin d'ajuster son horloge, le récepteur GPS utilise l'intersection des cercles de positionnement. Si l'horloge du récepteur est en avance, le temps de propagation du signal apparaîtra plus long que le temps réellement mis par le signal pour parvenir au récepteur. Celui-ci positionnera alors les satellites plus loin qu'ils ne le sont dans la réalité et les cercles de positionnement seront plus grands qu'ils ne le devraient.

Si l'on prend trois cercles de positionnement par rapport à trois satellites, ces cercles se chevaucheront, formant une zone au centre de laquelle l'on devrait se situer. Le récepteur retardera alors son horloge jusqu'à ce que cette zone devienne aussi petite que possible. La figure suivante montre un exemple de cercles de positionnement, lorsque l'horloge du récepteur est en avance.

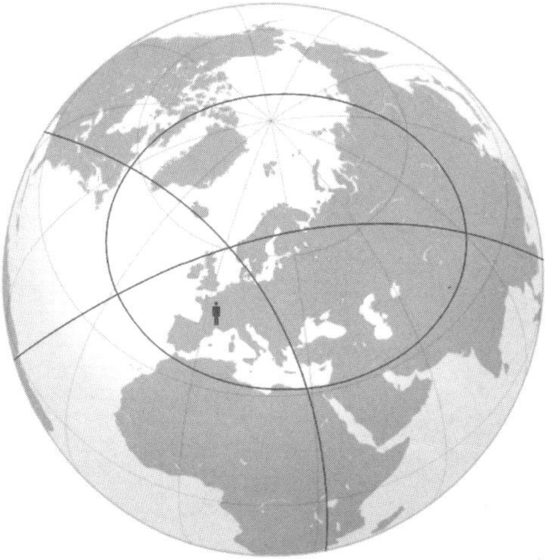

FIGURE 2–3 *Horloge du récepteur en avance*

Au contraire, lorsque l'horloge du récepteur est en retard, il voit les cercles de positionnement plus petits qu'ils ne sont en réalité. Les cercles s'écartent les uns des autres. La figure 2-4 nous montre un exemple où le récepteur doit avancer son horloge jusqu'à ce que les trois cercles se coupent au même endroit.

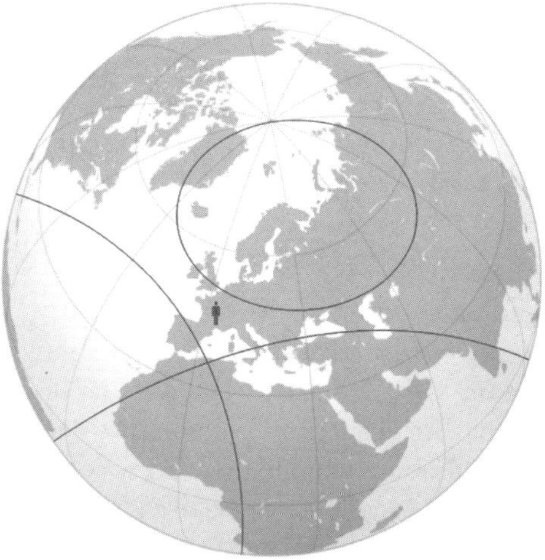

FIGURE 2–4 *Horloge du récepteur en retard*

Lorsque l'horloge du récepteur GPS est parfaitement synchronisée sur celle des satellites, les trois cercles de positionnement se coupent exactement en un seul point (voir figure suivante).

FIGURE 2-5 *Horloge du récepteur synchronisée*

# Positionnement en deux dimensions (2D)

Le positionnement que nous venons d'étudier est appelé positionnement en deux dimensions (2D), car il ne donne que la latitude et la longitude. Ce type de positionnement au moyen de trois satellites n'est possible que lorsque l'altitude est parfaitement connue, comme au niveau de la mer.

Si l'horloge du récepteur est suffisamment stable, on peut pendant une courte période établir une position avec seulement deux satellites en vue. Ceci est aujourd'hui possible avec les systèmes utilisant les réseaux de téléphonie mobile permettant au récepteur de maintenir une horloge très stable pendant une longue période (voir chapitre 5, section *AGPS*). Cependant, il ne s'agit là que de cas particuliers ; la plupart du temps, il est nécessaire d'établir une position en trois dimensions, c'est-à-dire où l'altitude est également inconnue.

# Positionnement en trois dimensions (3D)

Si trois satellites sont suffisants pour un positionnement en deux dimensions, un quatrième est nécessaire lorsque l'altitude n'est pas connue (positionnement en 3D).

Le temps mis par le signal pour parvenir au récepteur GPS définit une sphère autour du satellite, comme le schématise la figure 2-6. Le récepteur se trouve quelque part à la surface de cette sphère.

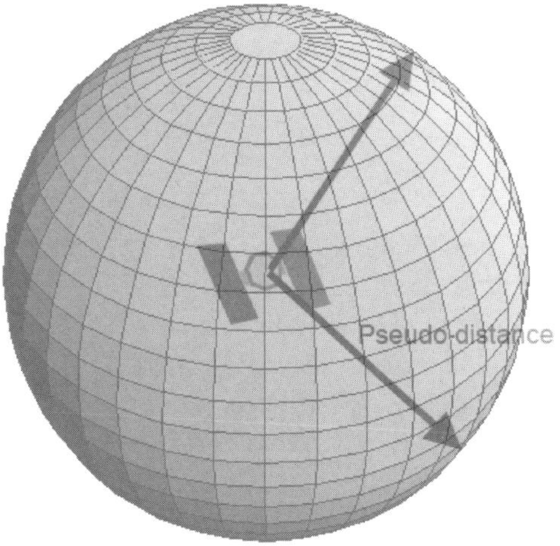


Figure 2-6 *Sphère de positionnement*

L'intersection de deux sphères de positionnement définit un cercle dans l'espace sur lequel se situe le récepteur (voir figure 2-7).

L'intersection de ce cercle avec la sphère de positionnement d'un troisième satellite détermine deux points.

Un quatrième satellite est alors nécessaire au récepteur pour éliminer l'un des points ainsi que pour ajuster son horloge. Le récepteur cherchera quelle est la valeur de l'horloge pour que l'intersection des quatre sphères définisse un volume aussi réduit que possible. La position en trois dimensions sera déterminée par le point d'intersection de quatre sphères de positionnement.

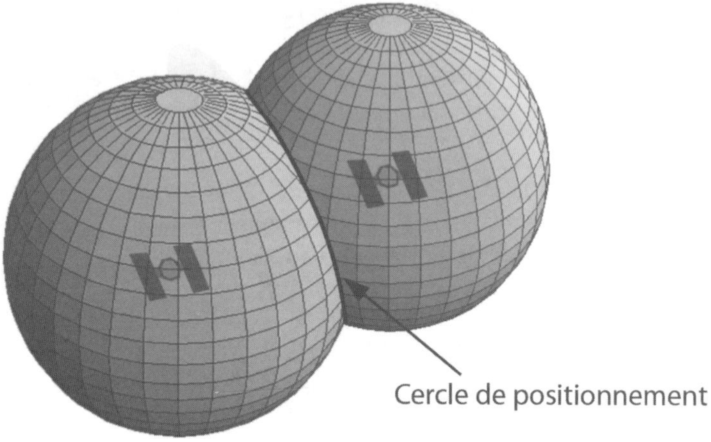


FIGURE 2-7 *Intersection de deux sphères de positionnement*

Le positionnement en trois dimensions nous fournit donc un point dans l'espace. Pour qu'il soit utilisable, il est nécessaire d'établir sa position par rapport à la Terre. On utilise pour cela un système à trois axes ayant pour origine le centre de la Terre, et où la Terre est fixe. Ce système est appelé ECEF (*Earth-Centered, Earth-Fixed* : Terre centrée, Terre fixe) (voir figure 2-8) et se réfère au système géodésique mondial WGS 84 (*World Geodetic System 1984*).

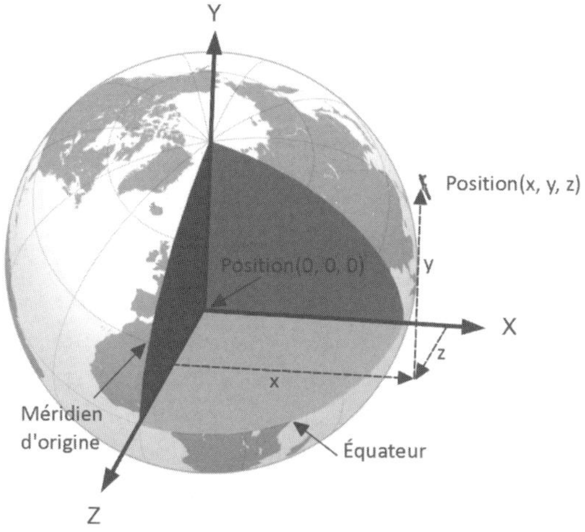


FIGURE 2-8 *Positionnement en 3 dimensions (ECEF)*

Le récepteur effectue automatiquement toutes les conversions entre le système ECEF à partir des cordonnées « x, y, z » et le système WGS 84 en coordonnées « latitude, longitude, altitude ». Lorsque la position doit être affichée dans un autre système géodésique, par exemple le système européen ED 50, le récepteur GPS effectue une conversion. Cette opération sera largement développée au chapitre 6.

Si l'horloge du récepteur est suffisamment stable, il est possible pendant un certain temps d'établir une position en trois dimensions lorsque seulement trois satellites sont en vue. Cependant, au bout d'un certain temps qui dépend de la précision de son horloge, le récepteur passera en mode deux dimensions, en conservant la dernière valeur de l'altitude calculée.

Les récepteurs d'aujourd'hui utilisent plus de quatre satellites afin d'affiner leurs calculs, et éventuellement d'éliminer ceux qui fournissent des informations peu précises ou douteuses.

chapitre

3

# Précision

*« Grâce à l'extrême précision du GPS, on peut devenir un véritable jongleur d'étoiles... retrouver alors une intensité toute neuve au contact du ciel... et réserver l'électronique comme alliée en cas d'urgence. »*
*Voile, mers lointaines, îles et lagons* – Bernard Moitessier.

La précision qu'offre un appareil, quel qu'il soit, est un facteur important. Lorsqu'un appareil renseigne sur une position, et que la sécurité de personnes en dépend, la précision devient alors un facteur vital. Il est donc primordial de connaître les limites de son GPS. Ce chapitre rend compte de la fiabilité du GPS et son utilisation sur le terrain.

# Précision fournie

Depuis ses origines, la précision du GPS n'a cessé de s'améliorer en commençant par la suppression de la dégradation volontaire de la précision (SA) en mai 2000. Ceci a été rendu possible grâce à l'amélioration des satellites avec des horloges plus précises, au segment de contrôle comportant de nouvelles stations de surveillance permettant de calculer la trajectoire des satellites avec une plus grande précision, et surtout aux récepteurs GPS beaucoup plus sensibles permettant de capter les signaux des satellites en milieu difficile.

## Comment définir la précision ?

La précision d'une position correspond à l'écart entre la position réelle et la valeur mesurée. La précision fournie par le GPS n'est pas constante et varie en permanence, car la position des satellites change continuellement par rapport au récepteur, mais également en raison d'autres facteurs que nous analyserons dans ce chapitre. Aujourd'hui, les fabricants de récepteurs GPS développent des algorithmes améliorant sans cesse la précision des calculs effectués par l'appareil. Ces algorithmes sont, bien sûr, gardés jalousement secrets par les fabricants.

Dans ces conditions, il est assez difficile de définir une valeur exacte de la précision. C'est pourquoi, nous en donnerons plusieurs valeurs, qui sont : la valeur typique fournie par les concepteurs des systèmes GPS et Egnos et l'erreur maximale spécifiée dans les cas les plus défavorables. Ces valeurs étant généralement spécifiées pour le pire des cas et donc pessimistes, nous donnerons également la valeur moyenne généralement observée avec un bon appareil dans des conditions normales. Attention toutefois, les valeurs observées peuvent varier dans des proportions non négligeables en fonction du matériel utilisé, du lieu, des conditions et de l'instant de l'observation. Nous ne les mentionnerons donc qu'à titre indicatif.

> **ATTENTION**
>
> Toutes ces valeurs seront fournies avec un pourcentage indiquant le nombre de relevés où la précision donnée est garantie. Ainsi, la mention « 95 % des cas » indique que sur 100 mesures, 95 seront meilleures ou égales à la précision indiquée et 5 mesures présenteront une précision moins bonne.

# Quelle est la véritable précision d'un GPS ?

Distinguons tout d'abord la précision horizontale et la précision verticale. La précision horizontale informe sur l'erreur possible de la position reportée sur une carte par rapport à la position réelle. La précision verticale indique l'erreur possible de l'altitude calculée par le récepteur GPS (par rapport au niveau de la mer).

## Précision horizontale

Le GPS est aujourd'hui spécifié pour fournir une position horizontale dans 95 % des cas avec une incertitude moyenne inférieure à 9 mètres et une erreur maximale de 17 mètres. Par mesure de sécurité, c'est cette valeur de 17 mètres que l'on retiendra pour tout positionnement sur une carte à l'aide d'un GPS sans correction Egnos ; toutefois, cette valeur ne représente qu'un peu plus d'un demi-millimètre sur une carte au 1:25 000$^{e}$.

> **Attention**
>
> L'incertitude de 17 mètres est l'erreur horizontale maximale généralement observée dans le pire des cas. Cependant, cette erreur, dans des conditions très défavorables, pourrait largement dépasser cette valeur dans 5 % des cas, ce qui peut représenter plus d'une heure par jour. On en tiendra compte pour tout positionnement où la sécurité de personnes est en jeu.

L'erreur de positionnement horizontale, dépendant principalement des délais introduits par l'ionosphère, est très variable suivant le lieu, les conditions atmosphériques, le ciel dégagé et surtout le matériel utilisé. On observe généralement avec un bon récepteur GPS et dans de bonnes conditions de réception, une précision meilleure que 3 mètres dans 95 % des cas.

La figure suivante montre une campagne de mesures effectuées en 2011 pendant trois mois avec un très bon récepteur GPS et dans de bonnes conditions de réception. On s'aperçoit que, pour 60 % des mesures, l'erreur observée est inférieure à 1 mètre, dans 95 % des cas celle-ci est meilleure que 2,2 mètres et meilleure que 4,5 mètres dans 99,9 % des cas.

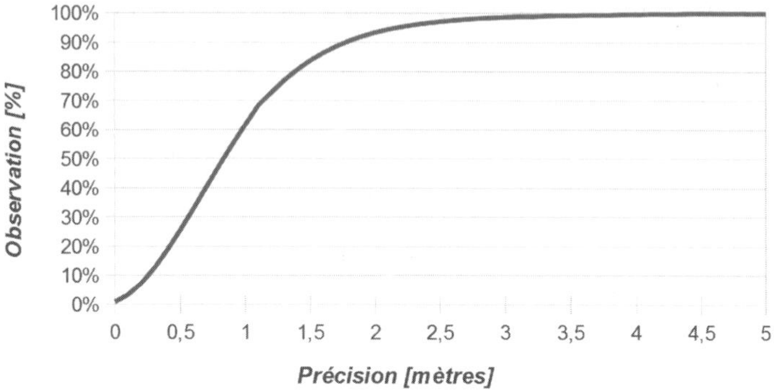


FIGURE 3–1 *Observation de la précision avec un très bon récepteur GPS*

Les récepteurs utilisant les corrections WAAS/Egnos permettent aujourd'hui de porter cette précision à moins de 3 mètres dans 95 % des cas. Dans la pratique, on observe avec un bon récepteur GPS compatible Egnos dans 95 % des cas une précision inférieure à un mètre.

## Précision verticale (ou altitude)

La précision verticale obtenue est environ deux fois moins bonne que la précision horizontale. Les raisons en sont multiples. On remarque que plus le satellite utilisé est haut dans le ciel, meilleure sera la précision verticale obtenue. Toutefois, il y a moins de chances pour qu'un satellite se situe au-dessus de 45° de l'horizon qu'en dessous. Généralement, il n'y a que deux ou trois satellites au-dessus de 45° pour 8 satellites visibles. De plus, il n'est pas possible qu'un satellite se situe au-dessous du récepteur à moins d'être à plusieurs milliers de mètres d'altitude.

L'erreur verticale théorique moyenne dans 95 % des cas est de l'ordre de 15 mètres avec une erreur maximale de 37 mètres. Cette précision verticale n'est que théorique et peut très bien être dégradée suivant la façon dont le récepteur sélectionne les satellites. En effet, certains récepteurs ont plutôt tendance à sélectionner les satellites au-dessous de 45° d'élévation par rapport à l'horizon, afin d'améliorer le facteur HDOP et donc la précision horizontale, ce qui dégrade alors la précision verticale. Outre la qualité du récepteur, la précision verticale dépend d'autres facteurs tels que la latitude : au-delà de 65° de latitude, on observe jusqu'à 40 % de dégradation de la précision verticale.

La précision verticale généralement observée avec un bon appareil est de l'ordre de 13 mètres dans 95 % des cas. Cependant, il a été observé que l'altitude fournie par le récepteur GPS ne correspondait pas toujours à l'altitude indiquée sur les cartes. Cette différence, souvent supérieure à la précision théorique, est principalement due à la précision du géoïde modélisé par le récepteur GPS (voir chapitre 6, section *Modélisation de la surface terrestre*).

Les récepteurs utilisant les corrections WAAS/Egnos permettent de déterminer l'altitude avec une erreur inférieure à 4 mètres. Dans la pratique, on observe généralement avec ce type de récepteur une erreur comprise entre 1,5 et 3 mètres dans 95 % des cas.

## Précision de la vitesse

Le calcul de la vitesse relève de plusieurs méthodes. La méthode la plus simple est de mesurer le temps de déplacement entre deux mesures successives de la position et d'en déduire la vitesse de déplacement. La seconde méthode utilise l'effet Doppler, c'est-à-dire le décalage de la fréquence des signaux reçus en fonction de la vitesse relative du récepteur avec le satellite. Cette seconde méthode, beaucoup plus précise, peut améliorer la précision de la vitesse par un facteur dix, mais dépend en grande partie de la qualité du récepteur GPS utilisé. La plupart des récepteurs utilisent une combinaison des deux méthodes.

La précision de la valeur affichée varie fortement en fonction des récepteurs et de l'algorithme dont on se sert. En pratique, suivant la qualité du récepteur employé, on observe une indication de la vitesse horizontale avec une erreur comprise entre 0,7 et 0,1 km/h, dans 95 % des observations. Suivant le récepteur, l'indication de la vitesse verticale est donnée avec une erreur généralement comprise entre 1 et 0,2 km/h dans 95 % des observations. Les récepteurs utilisant les corrections WAAS/Egnos n'améliorent que légèrement la précision de la vitesse observée.

## Précision de l'heure

L'heure est transmise avec une précision meilleure que 40 nanosecondes (ns) dans 95 % des cas. Pour obtenir une telle précision, il est indispensable d'avoir un récepteur de très bonne qualité et qu'il soit parfaitement immobile. C'est de toute façon un des systèmes les plus fiables, qui permet de connaître l'heure n'importe où avec une très grande précision.

### Fidélité ou reproductibilité

La fidélité ou reproductibilité définit la précision avec laquelle une position mémorisée à partir d'un relevé GPS peut être retrouvée ultérieurement. Lorsque l'on laisse un récepteur GPS immobile, on constate que la position affichée par l'appareil varie en permanence. Si un satellite n'est plus en vue, ou si une nouvelle combinaison de satellites permet d'obtenir un positionnement plus précis, le récepteur change de satellite : une variation instantanée de plusieurs mètres peut alors se produire.

Si l'on mémorise une position au moyen d'un récepteur GPS et que l'on désire y retourner rapidement (fonction MOB), on s'aperçoit qu'il n'est pas toujours facile de retrouver l'endroit exact. En effet, l'indication de cette position tend à dériver avec le temps.

Les observations ont montré que la reproductibilité horizontale est de l'ordre de 5 mètres dans 95 % des cas et d'une dizaine de mètres en vertical. Avec Egnos, un bon appareil est en mesure de fournir une reproductibilité avec une erreur inférieure à deux mètres en horizontal et quatre mètres en vertical.

## Sources d'erreurs

Les sources d'erreurs affectant la précision du GPS sont multiples. Certaines sources d'erreurs sont d'origine naturelle, d'autres d'origine technique. Toutes ces erreurs affectent la mesure de pseudo-distance de chaque satellite et donc la précision finale de la position.

Le tableau ci-dessous fournit les contributions typiques et maximales à l'erreur dues à chacune de ses composantes.

L'erreur de pseudo-distance (UERE, *User Equivalent Range Error*) typique est donc de 2,3 mètres pour chaque satellite dans 95 % des cas. Dans le pire des cas, cette erreur peut être comprise entre 6,4 mètres pour les satellites visibles le plus haut dans le ciel (90° d'élévation) et 15,6 mètres pour les satellites proches de l'horizon (5° d'élévation).

La précision de la position dépend non seulement de l'erreur induite par chaque satellite, mais aussi de la géométrie des satellites, c'est-à-dire de la manière dont les satellites, qui servent à déterminer la position, sont répartis dans le ciel. Afin de connaître l'erreur introduite sur la position indiquée par l'appareil, l'erreur de pseudo-distance doit être multipliée par un facteur appelé diminution de la précision (PDOP). Nous y reviendrons à la section *Diminution de la précision*.

| **Sources d'erreurs** | **Erreur typique** *mètres* | **Erreur max spécifiée** *mètres* |
|---|---|---|
| Ionosphère non modélisée | 2 | 5 |
| Troposphère | 0,1 | 0,25 |
| Réflexions parasites | 0,2 | 0,2 |
| Horloge et précision des satellites | 1 | 4 |
| Bruit du récepteur | 0,5 | 0,5 |
| UERE : Erreur de pseudo-distance (95 %) | Environ 2,3 mètres | 6,4 à 15,6 mètres |

Figure 3–2 *Contribution des sources d'erreurs*

## Erreurs d'origine naturelle

L'ionosphère – la couche de l'atmosphère comprise entre 50 et 500 kilomètres d'altitude composée d'air ionisé – retarde la propagation des signaux qui la traversent. L'ionosphère est responsable de la plupart des erreurs du GPS. Une partie des retards liés à l'ionosphère peut être facilement modélisée, car ils sont valables sur une grande région. Ces informations sont transmises par les satellites en même temps que les informations de navigation et permettent au récepteur de corriger le temps de propagation du signal. Malheureusement, il n'est pas possible de modéliser tous les retards induits par l'ionosphère. On peut cependant corriger plus de 50 % de ces erreurs.

La troposphère – la couche basse de l'atmosphère qui s'élève jusqu'à une dizaine de kilomètres d'altitude – engendre des retards dans la réception des signaux. Ils peuvent difficilement être modélisés : ils dépendent de la température, de la pression et de l'humidité de l'air.

La réflexion du signal sur des objets proches du récepteur produit des échos qui interfèrent parfois sur le signal reçu et provoquent ainsi un décalage. Si l'écho est suffisamment fort, il peut même être pris pour le signal lui-même lorsque le satellite est masqué.

### Erreurs d'origine technique

La dérive de l'horloge du satellite non corrigée par la station de contrôle ainsi que la précision de l'éphéméride peuvent provoquer des erreurs. Le bruit introduit par le codage du signal de navigation peut aussi entraîner des imprécisions sur la valeur de ces signaux.

Le bruit ainsi que la précision de l'horloge des récepteurs produisent également des erreurs dont la valeur dépend de la qualité des récepteurs utilisés.

## Diminution de la précision

Nous avons vu que la distance de chaque satellite, que l'on nomme pseudo-distance, peut être évaluée avec une précision caractéristique de l'ordre de 2,3 mètres. Cependant, le positionnement par satellites requiert l'utilisation de plusieurs satellites pour qu'une position en deux ou trois dimensions puisse être déterminée. L'erreur totale sera donc généralement supérieure à la précision fournie par chaque satellite et dépendra essentiellement de la position des satellites entre eux. La géométrie des satellites est ainsi appelée dilution de la précision géométrique (GDOP, *Geometry Dilution of Precision*).

Afin de connaître la précision de la position obtenue, il faut multiplier l'erreur de pseudo-distance (UERE) par un facteur qui dépend de la géométrie des satellites sélectionnés en fonction de la position du récepteur. Lorsque les satellites sont groupés, comme sur la figure 3-3, le GDOP obtenu est très grand, et la position imprécise.

On obtient un bon facteur de GDOP lorsque tous les satellites forment des angles différents entre eux et aussi grands que possible, comme sur la figure 3-4.

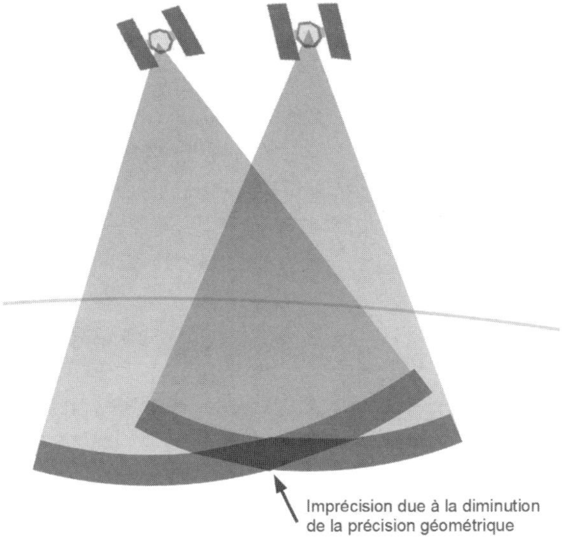


FIGURE 3-3 *Mauvais GDOP*

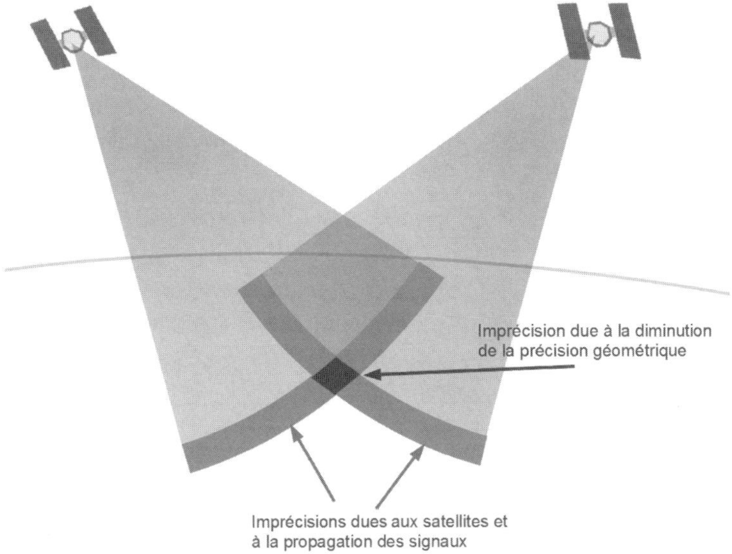


FIGURE 3-4 *GDOP correct*

À partir du GDOP, on détermine différents facteurs :

- PDOP (*Position Dilution of Precision*) permet de définir la précision d'une position en trois dimensions ;
- HDOP (*Horizontal Dilution of Precision*) permet de définir la précision de la latitude et de la longitude ;
- VDOP (*Vertical Dilution of Precision*) permet de définir la précision de l'altitude ;
- TDOP (*Time Dilution of Precision*) permet de définir la précision de l'heure.

Tous ces termes sont liés. Le nombre de satellites et leur position ont été calculés pour qu'au moins 4 satellites soient toujours en vue (99,9 % du temps), avec un PDOP inférieur ou égal à 6. Le facteur HDOP est le plus important puisque de lui dépend directement la précision de la position horizontale. Ce facteur est parfois affiché par les récepteurs GPS et fournit une indication de la précision digne de confiance. Un HDOP supérieur à 12 ne permet plus de donner une position avec une fiabilité suffisante.

Le tableau suivant nous montre les valeurs HDOP et VDOP maximales généralement observées dans de bonnes conditions : ciel complètement dégagé, 24 satellites opérationnels, etc. On voit que dans 95 % des observations, la valeur HDOP est inférieure à 1,25 et la valeur VDOP inférieure à 2.

| Observation | HDOP max | VDOP max |
|---|---|---|
| 90 % | 1,16 | 1,8 |
| 95 % | 1,25 | 2 |
| 99 % | 1,45 | 2,4 |
| 99,9 % | 1,8 | 2,9 |

FIGURE 3–5 *Observation du HDOP et VDOP dans de bonnes conditions*

L'erreur horizontale (UHNE, *User Horizontal Navigation Error*) et l'erreur verticale (UVNE, *User Vertical Navigation Error*) obtenues se calculent à partir des formules suivantes :

$UHNE = UERE \times HDOP$

$UVNE = UERE \times VDOP$

Avec une erreur de pseudo-distance (UERE) typique de 2,3 mètres et une valeur de HDOP de 1,25, la précision théorique sera donc autour de 3 mètres en horizontal dans 95 % de cas.

Il faut cependant être prudent, car le HDOP varie beaucoup d'un lieu à un autre, surtout lorsque certains satellites sont masqués par des montagnes ou des constructions. Il dépend également des satellites sélectionnés par le récepteur et donc de la qualité de celui-ci.

## Autres sources d'erreurs

Outre les erreurs courantes que nous venons de passer en revue, les performances du GPS peuvent être dégradées lorsque surviennent certains événements comme la panne ou l'arrêt d'un satellite. Nous recensons ici les principales sources d'erreurs pouvant survenir.

### Mauvais fonctionnement d'un satellite

Un problème, ou la panne d'un satellite, peut très bien n'être détecté et corrigé par les stations au sol, qu'au bout d'un délai de plusieurs minutes. Cela signifie que votre récepteur peut recevoir des informations erronées avant d'être informé que les informations provenant de ce satellite ne doivent pas être utilisées. Les récepteurs destinés à l'aviation ou à d'autres services où la vie de personnes est en jeu, sont équipés d'un système de détection et d'exclusion (FDE, *Fault Detection and Exclusion*) des satellites jugés défectueux. Le système Egnos corrige en quelques secondes de telles anomalies.

Les erreurs introduites lors du mauvais fonctionnement d'un satellite peuvent être de plusieurs centaines de kilomètres. Dans ce cas, la plupart des récepteurs GPS rejettent le satellite, car il ne permet pas de résoudre la position. Le récepteur rejette également un satellite si celui-ci présente des variations trop importantes. Cependant, lorsque l'erreur n'est que de quelques centaines de mètres, le récepteur n'écarte pas systématiquement le satellite défectueux.

## Arrêt d'un satellite

Un satellite peut cesser d'émettre pour plusieurs raisons. En particulier pour permettre la maintenance du satellite. L'arrêt du satellite peut également être dû à une panne du satellite.

Lorsqu'un satellite n'émet plus alors qu'il devrait permettre au récepteur de résoudre la position, le PDOP en est affecté. La précision de la mesure peut donc en être dégradée.

Lorsqu'un satellite est indisponible pendant une durée de 6 heures, la probabilité pour qu'il soit en vue est de 3 heures.

La probabilité pour qu'au moins 21 satellites soient en fonctionnement est de 99 %. Il a été estimé que la totalité des arrêts de satellites cumulés ne dépasse pas 18 heures par an.

## Erreurs dues à l'utilisateur

Sélectionner un mauvais système géodésique (voir chapitre 6, section *Systèmes géodésiques*) peut entraîner une erreur de plusieurs centaines de mètres. L'introduction de coordonnées erronées d'un waypoint représente une autre source d'erreur assez courante. L'erreur peut être due à une confusion des chiffres saisis ou à une erreur de système géodésique.

> **ATTENTION**
>
> Introduire une valeur de waypoint requiert toujours le plus grand soin et une vérification scrupuleuse.

## Panne du récepteur

Le récepteur n'est pas à l'abri de pannes qui engendrent des erreurs dont la distance est difficilement prévisible.

# Précision indiquée par un récepteur

Certains récepteurs affichent une précision horizontale, qui est calculée à partir de l'indication URA (*User Range Accuracy*) communiquée par chaque satellite et du facteur HDOP calculé par le récepteur GPS. Ils peuvent également indiquer la précision de l'altitude affichée. Ces valeurs de précision ne sont données qu'à titre indicatif et doivent être utilisées avec circonspection.

Il est également possible que le récepteur affiche seulement la valeur du HDOP ou du GDOP. Cette valeur est plus fiable, puisque c'est d'elle que dépend essentiellement la précision de la position affichée.

# Amélioration de la précision

Plusieurs moyens permettent d'améliorer la précision de la position. L'un des plus utilisés est le GPS différentiel (voir chapitre 5).

Une autre possibilité consiste à effectuer des moyennes de la position lorsque le récepteur est fixe, grâce à un ordinateur ou à certains récepteurs GPS pourvus de ce type de fonction.

# Précision requise

La précision requise est très variable suivant l'utilisation du GPS. Aujourd'hui, grâce à WAAS/Egnos, le GPS fournit la précision nécessaire dans la plupart des domaines d'utilisation comme la marine, l'aviation et les besoins terrestres.

## Marine

Les besoins de positionnement de la marine vont de 8 à 20 mètres à l'approche des ports, pour la circulation à l'intérieur des ports et dans les chenaux de navigation. Outre ces deux cas particuliers, la précision fournie par le GPS naturel est généralement suffisante. Egnos permet de répondre à tous les besoins requis pour la navigation maritime.

## Aviation

Les besoins de positionnement de l'aviation dépendent de la phase de vol. Trois catégories de précision ont été définies suivant la phase :

- **catégorie I** - 17,1 mètres en horizontal et 4,1 mètres en vertical ;
- **catégorie II** - 5,2 mètres en horizontal et 1,7 mètres en vertical ;
- **catégorie III** - 4,1 mètres en horizontal et 0,6 mètre en vertical.

De plus, le contrôle du trafic au sol nécessite une précision de 2 mètres en horizontal.

Depuis mars 2011, le système Egnos est déclaré opérationnel pour la navigation aérienne. Cependant, il est obligatoire d'avoir un moyen de positionnement alternatif au cas où le GPS ne pourrait pas fournir la précision requise ou ne serait pas disponible.

## Terrestre

Les besoins de positionnement terrestre sont très variables. On peut définir les suivants :

- véhicules de secours : de 75 à 100 mètres ;
- contrôle et commande de véhicule : de 30 à 50 mètres ;
- recueil de données : de 25 à 35 mètres ;
- annonce automatique d'autobus : de 25 à 30 mètres ;
- positionnement ferroviaire : de 10 à 30 mètres.

La plupart de ces domaines d'application ainsi que d'autres comme la randonnée ou la localisation des véhicules pour les flottes de taxis ou d'autobus se satisfont avec le GPS naturel.

## Scientifique et industrielle

La précision requise pour les applications scientifiques et industrielles est en général très stricte. Les besoins vont de quelques centimètres, pour l'observation des plaques tectoniques ou la construction des grands ouvrages, à quelques dizaines de centimètres pour la cartographie ou l'agriculture. Ces mesures se pratiquent en général au moyen de systèmes très coûteux comme le GPS à différence de phase (voir chapitre 5, section *GPS à différence de phase*).

chapitre

4

# Récepteur GPS

*« Droit devant soi, on ne peut pas aller bien loin... »*
*Le Petit Prince –*
Antoine de Saint-Exupéry.

Un récepteur GPS, que l'on nomme couramment « GPS », est un appareil servant à calculer une position géographique à partir des signaux reçus des satellites GPS. Aujourd'hui, les GPS peuvent suivre une douzaine de satellites simultanément.

Tous les récepteurs ne sont pas identiques et chacun propose des services intéressants. Devant le nombre de récepteurs existants et la variété de leurs services, il n'est pas toujours facile de s'y retrouver pour en choisir un. Or, chaque récepteur, en fonction de ses caractéristiques techniques, répond à un besoin particulier. Une meilleure connaissance de ces caractéristiques vous permettra de choisir et d'exploiter au mieux les fonctionnalités de votre matériel.

# Choisir un récepteur GPS

Le choix du récepteur dépend de l'utilisation principale à laquelle il est destiné : navigation maritime, terrestre ou aérienne, randonnée, raid, relevé de position, cartographie, exploration, suivi de véhicule, agriculture, référence temporelle, etc.

Il faudra tout d'abord sélectionner la configuration la mieux adaptée aux utilisations envisagées. Les choix possibles sont :

- un récepteur portable autonome ;
- un récepteur fixe avec antenne déportée ou intégrée ;
- un ordinateur portable connecté à un récepteur-antenne GPS filaire (du style souris) ou sans fil Bluetooth ;
- un smartphone ou un ordinateur de poche (PDA) équipé d'un récepteur GPS intégré – il est également possible de connecter un smartphone ou un PDA à un récepteur-antenne GPS Bluetooth ;
- un téléphone mobile AGPS ;
- une montre GPS ;
- un GPS pour appareil photo ;
- un GPS traceur enregistreur, avec ou sans liaison téléphonique.

Après avoir défini la configuration, il convient de déterminer quelles devront être les fonctions indispensables et les caractéristiques essentielles du récepteur GPS.

Mis à part les récepteurs GPS très spécialisés, un bon récepteur doit en premier lieu être facile à utiliser. Si vous avez besoin du manuel d'utilisation chaque fois que vous désirez vous servir d'une fonction, ou si les inscriptions de l'écran sont peu claires, le récepteur n'est probablement pas bien adapté à votre usage. Une manipulation intuitive des fonctions fournies par un récepteur GPS est très appréciable. Pour choisir un récepteur, commencez par l'utiliser sans avoir lu le manuel. Si vous parvenez à changer de page et à explorer différentes fonctions offertes, ce récepteur pourra alors faire l'objet de votre choix. Cependant, la lecture attentive du manuel est par la suite absolument indispensable pour bien employer votre récepteur GPS.

## Récepteur portable ou fixe ?

Le premier choix lors de l'achat d'un récepteur consiste à déterminer si l'appareil doit être portable ou, au contraire, fixe. Ce choix dépend de l'utilisation principale du récepteur.

En raison de sa simplicité d'emploi, le récepteur portable est le plus répandu. Il peut être utilisé à peu près partout et dans toutes les circonstances. Les inconvénients majeurs de ce genre de récepteurs sont le manque d'autonomie, la taille de l'écran limitée et l'impossibilité de recevoir les signaux GPS à l'intérieur de certains véhicules.

Le récepteur fixe est préféré lorsque l'utilisation se fait à partir d'un véhicule où la réception est difficile. Ce type de récepteurs présente un écran plus grand et plus lisible, et propose une alimentation extérieure ainsi qu'une possible connexion à d'autres appareils. Il requiert généralement une antenne extérieure et son prix de revient est plus élevé.

Certains récepteurs portables peuvent être connectés à un support fixe possédant des connexions à l'alimentation, souvent une prise du type allume-cigare, aux autres appareils et à une antenne extérieure. Cette solution constitue une très bonne alternative si l'on désire utiliser son GPS pour d'autres applications.

## Les GPS de poche

Les GPS de poche – nommés également portables ou *outdoors* – sont des récepteurs GPS autonomes alimentés par des piles ou des batteries rechargeables qui présentent généralement une bonne autonomie allant d'une dizaine d'heures à plus d'une journée. Ces GPS possèdent la plupart du temps un écran de diagonale maximale de 8 centimètres (environ trois pouces), quelques boutons permettant de contrôler les fonctions de l'appareil ou un écran tactile et un connecteur de liaison à un ordinateur.

Ils sont utilisés dans de nombreuses activités de plein air comme la randonnée, le ski de randonnée, le VTT, le canoë, etc. Le poids et l'encombrement sont souvent des critères importants ; lors du choix, il faudra faire un compromis entre la taille de l'écran et l'encombrement de l'appareil suivant l'activité visée.

La plupart des GPS de poche sont livrés avec une cartographie, parfois basique, mais permettent le chargement de nouvelles cartes. Les récepteurs à cartographie remplacent avantageusement de nombreuses cartes, puisqu'ils offrent une description qui peut comporter de nombreuses indications ou des points d'intérêt (POI) tels que le nom des rues ou les lieux utiles (hôtels, restaurants, stations-service...). Il faudra cependant veiller à ce que la mise à jour de ces cartes soit possible, facile à mettre en œuvre et disponible sur Internet.

## Les PND ou GPS routiers

Les PND (*Personal Navigation Device*) – nommés également « GPS routiers », « navigateurs automobiles » ou parfois « PNA » (*Personal Navigation Assistant*) – sont des appareils GPS autonomes se fixant sur le tableau de bord ou le pare-brise d'un véhicule à l'aide d'une ventouse, avec un écran tactile généralement de 3,5 à 5 pouces et possédant un système de cartographie intégré. Ce type d'équipement, qui maintenant prolifère, est généralement destiné à un usage urbain, que ce soit à bord d'un véhicule ou à pied, ou hors agglomération pour un guidage routier dans un véhicule.

Ils ont subi ces dernières années de profondes améliorations notamment en matière de cartographie. Cette dernière, plus détaillée, offre un routage plus optimisé et un affichage très réaliste qui en facilite grandement l'utilisation. Les PND possèdent des cartes pré-installées, et permettent généralement d'ajouter de nouvelles cartes ou bien de les mettre à jour.

Ils se sont aujourd'hui démocratisés pour l'usage en automobile et peuvent être installés dans n'importe quel véhicule en seulement quelques secondes. Il suffit généralement de fixer le support à ventouse sur le pare-brise et de brancher le câble d'alimentation à la prise allume-cigare. Certains PND sont également connectés à un récepteur d'informations sur le trafic routier (TMC, *Traffic Message Channel*) pour sélectionner automatiquement l'itinéraire le moins encombré et donc le plus rapide. Les modèles haut de gamme possèdent un récepteur RDS-TMC intégré. Il est parfois nécessaire de souscrire un abonnement pour recevoir ces informations sur le trafic.

Généralement, on peut indiquer quel véhicule est utilisé (voiture, camping-car, camion...) afin d'éviter les trajets interdits à ce type de véhicule. Certains PND peuvent également être utilisés à pied ou à deux-roues. L'itinéraire calculé sera différent, car il autorisera aux piétons la circulation dans les rues en sens interdit, ou bien interdira l'accès aux autoroutes pour les cyclistes ou les piétons.

Des systèmes de navigation plus sophistiqués équipés d'un capteur gyroscopique intégré dans une centrale de calcul connectée au capteur de vitesse du véhicule permettent d'avoir un guidage continu dans les tunnels ou bien les lieux où la réception des signaux GPS est impossible ou très difficile. Ces systèmes de navigation, souvent complexes à installer, sont proposés en option ou en série par les constructeurs automobiles. Ils sont souvent intégrés à l'autoradio dont ils utilisent les informations RDS-TMC. L'affichage se fait soit via l'écran de l'autoradio, soit via un grand écran escamotable motorisé. Les systèmes plus complexes sont composés d'une centrale de navigation avec un écran déporté. Tous ces systèmes sont généralement équipés d'un gyrocompas intégré et impliquent une connexion au capteur de vitesse et au feu de recul, ou au réseau CAN du véhicule, pour connaître la vitesse et le sens de déplacement du véhicule en l'absence de signaux satellite.

Des systèmes plus « lourds » comprenant un ordinateur portable existent également. Le site http://www.gpss.co.uk propose un logiciel fonctionnant sur PC, pour intégrer un système de positionnement dans un véhicule automobile.

> **Attention**
>
> Il ne faut jamais installer un appareil sur le tableau de bord au-dessus d'un airbag, au risque de blessures graves en cas de déploiement de l'airbag.

## Les GPS fixes à cartographie nautique ou aéronautique

Les récepteurs fixes à cartographie intégrée ont réellement révolutionné la façon de naviguer et lorsque l'on a goûté à leur facilité et leur rapidité d'utilisation, il devient rapidement difficile de s'en passer. Ce type de récepteur possède un large écran couleur souvent tactile et requiert parfois une antenne déportée fixée à l'extérieur du navire ou de l'avion afin d'améliorer la réception des signaux.

Ils comportent généralement des pages d'instruments de navigation et des bases de données. Ils sont souvent livrés avec des cartes routières préchargées et parfois des cartes détaillées. Dans le cas contraire, l'utilisateur doit acheter des cartes détaillées de sa région. La fonction lecteur de cartes, bien que très pratique, ne remplace pas totalement les cartes nautiques ou aéronautiques.

> ATTENTION
>
> Les ingénieurs du SHOM mettent particulièrement en garde les utilisateurs de cartes électroniques : « *La tentation de passer près des dangers sera plus grande lorsque le GPS sera associé à la carte électronique que lorsqu'on ne dispose que d'une carte papier. Dans le premier cas, la position du navire apparaîtra en effet de façon automatique, instantanée et continue dans son environnement nautique. Dans le second, le report du point prenant du temps, le navigateur sera plus prudent.* »

## Les smartphones GPS

Les smartphones se distinguent des téléphones mobiles par un système d'exploitation spécifique tel que Google Android (Linux), iPhone OS (OS X), Symbian OS, Windows Mobile, etc. Ils offrent une large bibliothèque d'applications, souvent payantes, pouvant être installées pour augmenter les fonctions des appareils.

Les smartphones étant dotés d'une fonction GPS, bien que plus fragiles que les GPS de poche ou les PND, fonctionnent généralement de façon similaire. Ces appareils acceptent différents logiciels, grâce auxquels tout type d'application adaptée au GPS et à la navigation devient possible. Leur utilisation s'adresse plutôt aux personnes possédant déjà ce type de téléphone et souhaitant le transformer occasionnellement en assistant de navigation.

La cartographie et autres informations de navigation, comme la position des radars fixes de la Sécurité routière, ne sont généralement pas sauvegardées dans l'appareil lui-même, mais transmises depuis un serveur par le réseau mobile lors de la navigation. Ceci nécessite une connexion Internet mobile, de préférence 3G+ illimitée. L'avantage est de garantir une cartographie et des informations toujours à jour, au détriment d'une navigation limitée aux zones de couverture de téléphonie mobile.

## Les PDA GPS

Les PDA *(Personal Digital Assistant)* ou assistants numériques de poche possédant également une fonction GPS, offrent ainsi des fonctions similaires aux smartphones GPS, via leur système d'exploitation autorisant l'installation de logiciels spécifiques. Les PDA ne proposant pas de connexion de téléphonie mobile se rapprochent plutôt des PND, en cela qu'ils doivent comporter dans leurs mémoires toutes les cartes et les informations de navigation.

Aujourd'hui, les PDA tendent à disparaître au profit des smartphones dont les fonctionnalités, similaires, permettent de n'avoir qu'un seul appareil en poche.

## Les téléphones mobiles AGPS

Les téléphones mobiles, contrairement aux smartphones, ne permettent pas de charger des logiciels autres que ceux fournis par l'opérateur du réseau utilisé. Les téléphones mobiles avec GPS assisté (AGPS, *Assisted GPS*) ne supportent généralement que quelques applications (souvent payantes) fournies par l'opérateur.

Les systèmes AGPS présentent cependant l'avantage d'être beaucoup plus rapides à établir un premier positionnement, surtout dans les lieux où les signaux des satellites sont affaiblis ou perturbés, comme en milieu urbain ou à l'intérieur d'un bâtiment.

## Les montres GPS

Les GPS de type montre sont généralement mieux adaptés aux activités sportives et enregistrent diverses informations liées à l'activité pratiquée, comme le rythme cardiaque ou la cadence de pédalage. Ils sont très commodes pour la mémorisation de traces, peu encombrants, car ils se portent au poignet comme une simple montre, et présentent une autonomie souvent supérieure à une dizaine d'heures grâce à leurs batteries rechargeables. La taille de leur écran et de la mémoire disponible ne permet pas d'intégrer une cartographie et le nombre d'informations affichées est assez limité.

La connexion à un ordinateur pour récupérer les traces peut s'effectuer via une station d'accueil USB ou une connexion sans fil. Dans tous les cas, un logiciel spécifique, fourni avec le matériel, est généralement nécessaire.

## Récepteur pour ordinateur portable et PDA

Si l'on possède un ordinateur portable ou un PDA, il est possible de connecter un récepteur GPS très simple, ne possédant ni affichage ni bouton. Cette solution permet d'utiliser son ordinateur pour toutes les fonctions de positionnement et de navigation avec des logiciels de cartographie. Il existe différents types de récepteur GPS connectables à un ordinateur portable ou un PDA : ils sont dotés d'une connexion filaire ou d'une connexion sans fil.

### Récepteur GPS de type souris

Ce type de récepteur, appelé « souris » pour sa ressemblance avec les souris d'ordinateurs, se connecte à un port USB et est généralement auto-alimenté par l'ordinateur. Le récepteur ne possède ni affichage ni bouton de contrôle, il se contente de transmettre les informations sous forme de phrases NMEA à l'ordinateur. Un logiciel fourni avec le récepteur permet d'avoir les fonctions de base d'un récepteur GPS, comme la position ou la vitesse. Il sera généralement nécessaire d'acquérir d'autres logiciels pour la fonction cartographie. Des logiciels libres d'accès peuvent également être utilisés avec des cartes scannées ou des cartes libres de droits (voir chapitre 8, section *Logiciels de cartographie*).

### Récepteur GPS Bluetooth

La technologie Bluetooth permet de connecter un récepteur GPS à un ordinateur portable, un PDA ou un téléphone mobile du type smartphone, sans aucune liaison filaire. Très petit et ne pesant que quelques dizaines de grammes, le récepteur Bluetooth peut se loger, lors d'une randonnée par exemple, dans la poche supérieure du sac à dos où la réception des satellites est plus dégagée, et l'on suit son déplacement à l'aide d'un PDA ou d'un smartphone compatible Bluetooth et équipé d'un système de cartographie. Doté d'un accumulateur rechargeable, l'autonomie de ce genre de récepteur est d'une dizaine à une vingtaine d'heures. On veillera cependant, lors du choix d'un récepteur Bluetooth, à ce que l'accumulateur soit identique à ceux utilisés dans les téléphones mobiles, et puisse être facilement remplacé par un accumulateur équivalent disponible dans le commerce. Il est également intéressant d'avoir un ou deux accumulateurs supplémentaires de secours lorsqu'il n'est pas facile de le recharger lors, par exemple, d'une longue randonnée loin de toute habitation.

## Les traceurs GPS

Les traceurs GPS sont des récepteurs GPS ne comportant aucun affichage ni bouton de contrôle – à part éventuellement un bouton de mise en route –, et dont la seule fonction est de mémoriser un parcours. Il existe deux grandes catégories de traceurs GPS : les traceurs dits « temps réel » qui transmettent régulièrement les coordonnées géographiques sous forme de SMS à l'aide d'une connexion téléphonique du type GSM/3G, et ceux qui enregistrent la trace dans la mémoire interne, en attendant qu'elle soit lue à l'aide d'un ordinateur.

Ce type de traceur GPS peut se présenter sous la forme d'un petit boîtier, d'une clé USB ou même d'un porte-clés, et peut présenter une autonomie de quelques jours à plusieurs mois, grâce à un détecteur de mouvements qui active l'appareil seulement lors des déplacements.

## Les GPS pour appareil photo

Les GPS pour appareil photo servent à géocoder les photos, c'est-à-dire à inclure les coordonnées géographiques de la prise de vue dans les informations des fichiers numériques. Ils se présentent sous la forme d'un petit boîtier qui se fixe sur l'appareil photo, généralement sur la griffe du flash. Outre les appareils photo dotés de la fonction GPS, deux catégories de GPS pour appareil photo, dont les fonctionnements sont très différents, sont disponibles.

La première catégorie envoie en continu les informations de positionnement à l'appareil photo. Les photos sont ainsi automatiquement géocodées au moment de la prise de vue. En plus des informations de positionnement, le GPS peut également fournir l'altitude, l'inclinaison de l'appareil, la température ou encore l'orientation (azimut) de l'appareil grâce à un compas magnétique. Ce type de GPS nécessite cependant un appareil photo compatible.

Les GPS pour appareil photo de la seconde catégorie se contentent d'enregistrer une trace GPS ; il n'est donc pas nécessaire de disposer d'un appareil photo compatible. Cette trace sera ensuite traitée par un logiciel sur un ordinateur pour géocoder les photos. Le seul avantage de ce type de GPS par rapport à un GPS classique (capable d'enregistrer une trace), est de pouvoir mémoriser l'orientation et l'inclinaison de l'appareil s'il est fixé directement sur l'appareil photo.

Notons que certains GPS pour appareil photo possèdent un lecteur de cartes mémoire. Lorsqu'une carte mémoire est insérée, le GPS géocode alors automatiquement les photos présentes sur la carte à partir des traces GPS mémorisées par l'appareil.

## Cartographie intégrée

Aujourd'hui, une grande majorité des GPS à écran possèdent également une cartographie intégrée. Ces appareils sont proposés avec une cartographie détaillée déjà installée ou simplement une cartographie de base et l'utilisateur se doit alors d'acquérir et d'installer des cartes détaillées des régions souhaitées. La cartographie à installer est souvent disponible sous forme de cartes mémoire à insérer dans l'appareil, équivalant à quelques dizaines de cartes papier. Elle peut également être proposée sous forme de CD-Rom ou DVD couvrant de vastes régions. On choisit les zones à télécharger vers le récepteur GPS à l'aide d'un ordinateur et il faut quelquefois débloquer les cartes chargées à partir d'un serveur Internet. Il est également possible d'obtenir des cartes libres de droits sur Internet et de les charger sur son GPS.

Les récepteurs portables devront comporter une mémoire flash interne de taille suffisante pour mémoriser une zone géographique assez large. On peut en outre installer ces cartes sur des cartes mémoire du type SD qui seront ensuite insérées dans le récepteur.

De nombreux logiciels de cartographie sont également disponibles pour utiliser un ordinateur portable ou un ordinateur de poche couplé avec un récepteur GPS (voir chapitre 8, section *Logiciels GPS*). Une connexion à un micro-ordinateur est cependant indispensable pour ce type de récepteur.

# Récepteur différentiel intégré

## Compatible WAAS/Egnos

Aujourd'hui, la plupart des récepteurs GPS sont compatibles WAAS/Egnos, cela signifie qu'ils peuvent recevoir et utiliser les signaux de correction du système européen Egnos. Ces signaux émis par des satellites géostationnaires fournissent une précision inférieure à 3 mètres en horizontal et à 4 mètres en vertical dans 95 % des cas. De plus, Egnos améliore considérablement l'intégrité des informations fournies par le récepteur GPS.

> ATTENTION
>
> La fonction WAAS/Egnos du récepteur doit être activée seulement si l'on se trouve dans l'une des zones couvertes par ces services (voir figure 5-7). En dehors de ces zones, il est important de désactiver cette fonction, même si l'on reçoit les signaux des satellites géostationnaires, sans quoi la précision des informations fournies pourrait s'en trouver affectée.

## Récepteur AGPS

Le système AGPS *(Assisted GPS)*, ou WAG *(Wireless Assisted GPS)*, utilise le réseau de téléphonie mobile pour assister les récepteurs GPS. Les téléphones mobiles équipés de ce système possèdent de nombreux avantages.

- Les récepteurs AGPS sont plus simples et moins chers à fabriquer.
- La consommation électrique des récepteurs est plus faible que celle des récepteurs GPS conventionnels.
- La première position est fournie au bout de quelques secondes seulement lors de la mise en route de l'appareil, alors qu'il faut généralement

avec un GPS classique près d'une minute pour obtenir une position fiable lorsque l'appareil a été éteint depuis plus d'une heure.

- La position est toujours fournie avec une très bonne précision, même lorsqu'il s'agit de la première position après la mise en route du récepteur.
- Les récepteurs AGPS permettent de recevoir des signaux beaucoup plus faibles et peuvent donc encore fonctionner dans des endroits où la réception est très difficile, comme en ville au milieu d'édifices élevés ou à l'intérieur d'un bâtiment.
- La précision de la position et des autres informations est maintenue, même lorsque deux satellites seulement sont en vue.
- Ce système permet un positionnement continu lors de la perte passagère de satellites.
- Sans aucun satellite visible, le système peut encore être capable de fournir une position avec une précision de l'ordre de 250 mètres en ville.

Le système AGPS, nécessitant une connexion Internet, doit cependant être utilisé dans une zone couverte par un réseau de téléphonie mobile compatible avec le système. Sa vocation est donc plutôt urbaine.

## Autres systèmes différentiels

Depuis la mise en service du système WAAS en Amérique du Nord et Egnos en Europe, les autres systèmes de GPS différentiels perdent de leur intérêt lorsqu'une précision de l'ordre de 2 mètres est suffisante. Cependant, il existe des récepteurs intégrant un récepteur DGPS tels que ceux utilisés pour la navigation maritime ou aérienne. Ces récepteurs peuvent être particulièrement utiles pour les zones non couvertes par WAAS ou Egnos, ou lorsqu'une plus grande précision est nécessaire.

# Fonctions fournies par les GPS

## Position

Renseigner sur une position géographique est la fonction essentielle d'un récepteur GPS n'incluant pas un système de cartographie intégré. Il faut cependant veiller à ce que l'affichage corresponde à vos besoins et que le récepteur soit bien doté de tous les systèmes géodésiques des cartes que vous allez utiliser. Les récepteurs GPS possédant un système de cartographie intégré, comme les PND, n'affichent pas la position géographique à l'écran ; celle-ci est en général disponible, mais cachée au fond de divers menus.

## Précision et sensibilité

Aujourd'hui, le système GPS dans son ensemble a été largement amélioré et la qualité des récepteurs GPS influe énormément sur la position obtenue. Selon la qualité du récepteur, le type de filtrage et les algorithmes de positionnement utilisés, la précision du récepteur peut ainsi varier dans des proportions non négligeables.

Après le succès des puces SiRF Star III, la concurrence a été acharnée auprès des autres fondeurs qui maintenant proposent également de nouvelles générations de puces GPS très performantes. Il est alors important de choisir un récepteur avec une technologie récente afin que l'appareil capte le maximum de satellites et offre ainsi une meilleure précision.

Les constructeurs annoncent généralement une précision dans des conditions normales, c'est-à-dire lorsque aucun obstacle ne masque les satellites. Il est donc utile de vérifier la sensibilité de l'appareil avant tout achat ou mieux de pouvoir comparer plusieurs récepteurs.

## Temps pour la première position (TTFF)

Chaque fois qu'un récepteur se met en route, il s'assure, avant de calculer une première position, qu'il n'utilise que des informations et des éphémérides mises à jour récemment. Il vérifie également qu'il n'utilise pas de nouvelles informations combinées avec d'autres, plus anciennes. Un récepteur doit donc recevoir un certain nombre d'informations avant de calculer une première position. Le temps nécessaire pour cette première position (TTFF, *Time To First Fix*) dépend essentiellement du temps écoulé depuis la dernière mise à jour des éphémérides, de la visibilité des satellites ainsi que de la qualité du récepteur.

Lorsqu'il a été éteint depuis moins d'une heure, un bon récepteur effectuera une première position en quelques secondes seulement, si le ciel est bien dégagé. Cette information est généralement appelée « temps d'acquisition à chaud » dans les caractéristiques techniques de l'appareil. Si le récepteur a été éteint depuis plus de deux heures, il devra remettre à jour toutes les éphémérides des satellites qu'il utilise pour le calcul de la position. Dans ce cas, en fonction de la qualité du récepteur, le temps nécessaire pour la première position (temps d'acquisition à froid) demande entre quelques secondes, pour les appareils de technologie récente, et six minutes. Ce temps dépend également de la visibilité des satellites. Lors du premier calcul, il est primordial que les satellites soient le moins masqués par des obstacles.

Certains GPS de technologie récente et disposant d'un accès Internet (Wi-Fi, 3G...), peuvent accéder à un serveur contenant une prévision de la position des satellites pour les jours à venir. Avant de donner une première position, ces GPS n'ont plus besoin de charger l'éphéméride de chaque satellite, opération demandant environ 30 secondes pour être complètement réalisée. Ces GPS sont capables de donner une position au bout de quelques secondes, même après un arrêt de plusieurs jours.

Le temps mis pour la première acquisition est pratiquement nul avec le système AGPS (voir chapitre 5, section *AGPS*). Toutes les vérifications et mises à jour sont faites par le serveur AGPS qui indiquera au récepteur GPS quels sont les satellites en vue, lesquels utiliser et quels sont les paramètres d'acquisition.

## Format d'affichage

La position s'affiche dans de nombreux formats, selon l'utilisation et les pays. Il est utile de pouvoir modifier l'affichage de la latitude et la longitude suivant les formats :

- ddd.ddddd° : degrés et fractions de degré ;

- ddd°mm.mmm' : degrés, minutes et fractions de minute ;
- ddd°mm'ss.s" : degrés, minutes, secondes et fractions de seconde.

Pour une utilisation terrestre, l'affichage UTM est nécessaire. Près des régions polaires, l'affichage UPS est souvent indispensable pour utilisation avec des cartes papier.

Certains pays possèdent un système de repérage qui leur est propre. Parmi ceux-ci, citons la Suisse, l'Irlande ou l'Angleterre. Pour une utilisation avec des cartes papier de ces pays, il faut veiller à ce que le récepteur puisse afficher la position au format requis. Certains récepteurs permettent également de personnaliser l'affichage.

## Systèmes géodésiques

Lors de l'utilisation d'une carte papier avec son GPS, l'erreur produite par un mauvais choix du système géodésique peut dépasser un kilomètre. Il est donc très important que le récepteur puisse afficher la position dans le système géodésique employé par la carte utilisée. Il est cependant possible de passer du système WGS 84 au système local en effectuant une translation de la latitude et de la longitude souvent indiquées sur les cartes récentes.

Certains récepteurs autorisent la personnalisation du système géodésique. Cette fonction, très utile puisqu'elle permet d'utiliser des cartes papier de toutes provenances, doit être employée avec la plus grande minutie. Toute mauvaise valeur de coefficient introduite peut se traduire par des erreurs imprédictibles sur le terrain.

## Écart de route désirée (XTE)

L'écart de route désirée (XTE, *Cross Track Error*) est la différence de position, en mètres ou en milles, par rapport à une route théorique désirée en ligne droite entre deux waypoints (voir figure 4-1). Elle est très utile en navigation maritime et aérienne où il n'existe pas de repères matérialisés et où il est important de se rendre d'un waypoint à un autre en ligne droite. Le rôle d'un pilote automatique est de faire en sorte que cette valeur soit la plus petite possible et de maintenir ainsi en permanence le véhicule le plus proche de cette ligne théorique.

L'information d'écart de route désirée est affichée par tous les récepteurs destinés à la navigation maritime ou aérienne. Certains récepteurs possèdent également une alarme associée à l'écart de route. L'information « Écart de route désirée » est parfois appelée CTE ou XTK.

## Altitude

L'altitude est généralement affichée par tous les récepteurs dont l'utilisation n'est pas exclusivement maritime. La précision de cette information est toujours moins bonne que celle de la position horizontale.

## Modes 2D et 3D

Les GPS fonctionnent généralement en 3 dimensions, c'est-à-dire que le positionnement fournit également l'altitude, d'autres en mode 2D avec une altitude fixe, par exemple au niveau de la mer. Ce mode permet au récepteur de fournir une position avec seulement trois satellites visibles. Bien qu'il puisse être choisi automatiquement par le récepteur lorsqu'il ne possède pas suffisamment de satellites en vue, il est possible, sur certains récepteurs, d'indiquer l'altitude manuellement lorsque celle-ci est connue.

Il est important de savoir que tout changement d'altitude en mode 2D produira une erreur sur la position pouvant être plusieurs fois supérieure à l'erreur de l'altitude.

## Altimètre barométrique

Certains récepteurs GPS sont équipés d'un altimètre barométrique qui assure une précision de l'ordre de 3 mètres en vertical et peuvent détecter une différence d'altitude de l'ordre du mètre. Cet instrument fonctionne sur la différence de pression atmosphérique ; il est donc important de le calibrer avant le départ et chaque fois que l'on arrive dans un lieu où l'altitude est connue ou indiquée sur une carte.

L'altimètre indique les variations de pression et peut donc suivant le modèle de récepteur être utilisé comme baromètre pour avoir une indication de la tendance météorologique. Comme tous les baromètres, cette fonction n'est pas utilisable lorsque l'on change d'altitude.

## Limitation de l'altitude

Le gouvernement américain oblige les fabricants de récepteurs GPS à interdire le fonctionnement de leur appareil lorsque l'altitude est supérieure à 60 000 pieds (environ 18 000 mètres).

# Direction

Les indications concernant la direction sont les plus utilisées en navigation. Elles permettent de se positionner par rapport à un ou plusieurs waypoint(s). Primordiales, ces indications doivent êtres expliquées pour en distinguer celles qui sont utiles à la navigation. La figure 4-1 résume les plus courantes.

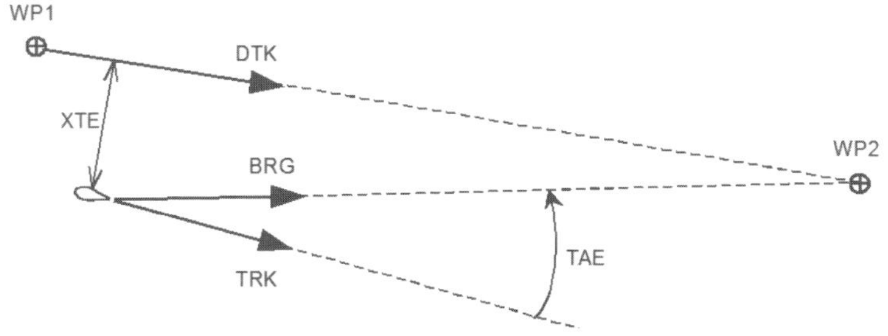


FIGURE 4-1 *Informations de navigation*

## Cap actuel (Cap, TRK, COG ou HDG)

Le cap actuel ou direction suivie est fourni par tous les récepteurs destinés à la navigation. Cependant, cette donnée n'est indiquée que lorsqu'il y a déplacement. Pour que l'indication soit assez précise, il est nécessaire que la vitesse de déplacement soit suffisamment élevée. Cette indication est souvent désignée par Cap, TRK *(Track)* ou HDG *(Heading)*. Elle est parfois appelée COG *(Course Over Ground)*, puisqu'elle indique le déplacement réel d'un bateau ou d'un avion par rapport à la surface terrestre et non par rapport au compas magnétique.

Egnos améliore la précision de la direction indiquée. Généralement, cette dernière est le « cap vrai ». Certains récepteurs sont aussi capables d'afficher le cap magnétique.

## Correction magnétique

Certains récepteurs corrigent le cap en fonction de la déclinaison magnétique locale et affichent ainsi le cap magnétique suivi. La correction est éventuellement manuelle ; dans ce cas, il sera nécessaire d'indiquer la valeur de la déclinaison locale au récepteur. Cette valeur doit régulièrement être mise à jour pour la navigation sur de longues distances. La correction peut être automatique ; le récepteur possède alors en mémoire une table des déclinaisons magnétiques qui tient compte du lieu et de la date.

Cette fonction est très pratique, bien qu'elle ne soit généralement pas indispensable. Pour obtenir le cap compas, il ne reste plus qu'à corriger la déviation du compas (à moins que celui-ci ne soit parfaitement compensé).

## Relèvement (BRG)

L'indication « relèvement » ou BRG *(bearing)* procure le cap à suivre pour se rendre au prochain waypoint (voir figure 4-1). Cette fonction est généralement utilisée lorsque la navigation s'effectue à l'aide d'un compas magnétique. Lorsque le récepteur possède la fonction de correction de la déclinaison, la direction peut être corrigée pour indiquer le cap magnétique du prochain waypoint.

## Route désirée (DTK)

L'indication « route désirée » ou DTK renseigne sur le cap à suivre pour se rendre d'un waypoint à un autre (voir figure 4-1). Cette indication est très utile pour vérifier les segments d'une route sur une carte. L'indication DTK est plus précise que la valeur BRG lorsque les waypoints sont relativement proches les uns des autres et que l'on se trouve proche du waypoint de départ.

## Tourner (TAE, STR ou TRN)

L'indication « tourner » ou erreur de cap, indique la différence entre le cap qu'il faudrait suivre pour se rendre au prochain waypoint et le cap actuel (voir figure 4-1). Cette information est très utile lors de navigation maritime ou aérienne pour corriger le cap en présence de courants latéraux, ou lorsque la déviation du compas est inconnue. Suivant les récepteurs, cette information est appelée TAE (*Track Angle Error*), STR (*Steer*) ou TRN (*Turn*). Lorsque cette information n'est pas fournie par le récepteur GPS, elle peut se déduire de la différence BRG moins TRK.

## Compas et indications graphiques

Le cap actuel peut être représenté graphiquement sous la forme d'une boussole. Il ne s'agit nullement d'un compas magnétique, mais d'une représentation graphique de l'information du cap actuel (TRK). Attention, cette indication n'est pas utilisable lorsque l'on est à l'arrêt. D'autres indications telles que l'écart de route peuvent aussi être représentées graphiquement (voir figure 4-2).

FIGURE 4-2 *Indications fournies par les récepteurs GPS*

## Compas électronique

Certains récepteurs GPS sont équipés d'un compas électronique, c'est-à-dire d'une véritable boussole magnétique, utile lorsque le déplacement s'effectue à vitesse très faible ou lorsque l'on est à l'arrêt, ou bien encore lorsqu'il n'est plus possible de recevoir les signaux des satellites, comme sous des arbres très denses. Certains modèles compensent automatiquement la déclinaison magnétique terrestre locale quel que soit le lieu et indiquent ainsi directement le cap vrai suivi.

Ce compas, comme tout autre compas ou boussole, est sensible à tous les champs magnétiques comme les haut-parleurs, les appareils électroniques ou les objets métalliques.

Il est important de calibrer le compas électronique avant la première utilisation. Cela s'effectue en décrivant un ou deux larges cercles en avançant lentement sur un terrain plat et loin de tout objet métallique. Il est parfois obligatoire de recalibrer le compas après un changement de piles.

Il est possible de basculer automatiquement vers l'indication fournie par le récepteur GPS lorsque celui-ci le permet et d'arrêter ainsi le compas électronique. Sur les appareils de technologie récente, la consommation électrique du compas électronique a été optimisée et augmente l'autonomie du récepteur dans de grandes proportions en arrêtant le GPS lorsque cette fonction n'est pas nécessaire.

## Route loxodromique ou orthodromique

Généralement, la direction qu'indique un récepteur GPS pour se rendre à un waypoint est la route orthodromique, c'est-à-dire un arc de grand cercle. Certains récepteurs donnent le choix entre la route orthodromique *(Great circle)* et la route loxodromique *(Rhumb line)*. Cette fonction permet d'utiliser indifféremment des cartes orthodromiques ou loxodromiques à grande échelle (voir chapitre 7, *Route orthodromique*).

## Distance

Les informations de distance sont des fonctions très intéressantes fournies par tous les récepteurs GPS destinés à la navigation. Avec la direction, cette information permet de se positionner par rapport à un waypoint.

## Distance au suivant (DST, DIS ou DTG)

Outre la direction, il est utile de connaître la distance au prochain waypoint. Cette information est également appelée DST, DIS ou DTG *(Distance To Go)* selon les récepteurs GPS.

## Distance à destination

Les récepteurs affichent également la distance totale pour parvenir à la destination finale. Cette information n'est bien sûr significative que si l'on se déplace en ligne droite, de waypoint en waypoint.

## Unités de mesure

Sur la plupart des récepteurs, vous sélectionnez l'unité de distance. Généralement, il est possible de choisir entre le kilomètre, le mille marin ou le mile anglo-saxon. Les unités des autres informations sont normalement modifiées en conséquence. Ainsi, lorsque l'affichage en kilomètres est sélectionné, la vitesse sera indiquée en kilomètres/heure et l'altitude en mètres. Si l'on opte pour un affichage en milles marin, la vitesse sera en nœuds et l'altitude généralement en pieds. Certains récepteurs permettent toutefois de sélectionner les unités indépendamment les unes des autres. Il faudra cependant veiller à la cohérence des informations affichées pour éviter toute confusion.

## Odomètre

Lorsque le récepteur est équipé d'un odomètre, il calcule et affiche en permanence la distance parcourue. Cette information est intéressante lorsque le déplacement est sinueux. Il faut cependant savoir qu'elle se révèle peu précise lorsque le déplacement est effectué à très faible vitesse.

# Vitesse

La vitesse de déplacement est calculée à partir du changement de position entre deux mesures ou plus. Elle peut également l'être à partir de l'effet Doppler produit par les signaux reçus des satellites. L'effet Doppler est ce phénomène qui explique que le bruit d'un véhicule, par exemple, nous paraît plus aigu lorsqu'il se rapproche de nous et plus grave lorsqu'il s'en éloigne. Il en va de même des signaux émis par les satellites.

Les récepteurs GPS affichent différentes vitesses. Il est bon de savoir à quoi correspondent toutes ces valeurs.

## Vitesse horizontale (SOG)

La vitesse de déplacement est souvent appelée « vitesse horizontale », « vitesse de fond » ou « vitesse sol » (SOG, *Speed Over Ground*). En effet, l'information de vitesse fournie par le récepteur GPS l'est toujours par rapport au sol, et non par rapport à l'élément dans lequel on se déplace (eau ou air). Cette notion est essentielle car, en présence d'un fort courant, il est éventuellement possible de reculer par rapport à la Terre alors que les instruments affichent une vitesse de déplacement ; l'information VMG indiquera si l'on se rapproche du waypoint.

En comparant la vitesse de fond et la vitesse par rapport à l'élément, il est donc possible d'en déduire les courants marins ou aériens. Certains récepteurs sont ainsi capables de déterminer la vitesse et la direction du courant. Ils ont cependant besoin d'informations extérieures, comme l'indication du loch ou du badin et la direction indiquée par le compas magnétique.

## Vitesse d'approche du waypoint (VMG)

Lorsqu'il n'est pas possible de se diriger directement vers le prochain waypoint, par exemple lorsqu'un navire se déplace à la voile, la vitesse d'approche du waypoint ne correspond pas la vitesse de déplacement. Cette information, appelée VMG (*Velocity Made Good*), correspond à la variation de la distance au waypoint (DST) (voir figure 4-3).

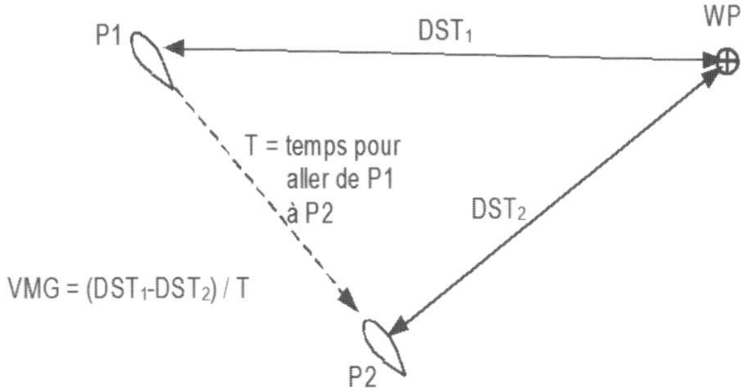


Figure 4-3 *Calcul du VMG*

Lorsque l'on se déplace en arc de cercle autour du waypoint, la distance au waypoint ne varie pas : le VMG est nul. Lorsque le VMG est négatif, on s'éloigne du waypoint. Cette information est très intéressante notamment pour les régates, puisqu'elle intègre d'autres perturbations telles que les courants ou la dérive du navire. Lorsque l'on se dirige exactement vers le waypoint, l'indication VMG est égale à SOG.

## Vitesse verticale

L'indication de la vitesse ascensionnelle est indispensable pour l'aéronautique, mais également très utile en montagne ou pour les sports où le dénivelé a de l'importance. Elle est généralement exprimée en mètres/seconde avec une indication du sens de déplacement (montée/descente).

## Limitation de vitesse

Le gouvernement américain oblige les fabricants de récepteurs GPS à limiter le fonctionnement de leurs appareils pour des vitesses supérieures à 999 nœuds (environ 1 850 km/h). Sur d'anciens modèles de récepteurs, certains fabricants avaient également limité la vitesse maximale de fonctionnement de leurs récepteurs non destinés à l'aviation.

# Heure et date

Le GPS est aujourd'hui le moyen le plus simple pour obtenir l'heure avec une très grande précision, et ce, où que l'on se trouve. En fait, le principe du GPS est entièrement fondé sur l'heure maintenue avec une précision phénoménale.

Chaque satellite possède quatre horloges atomiques : deux au césium et deux au rubidium. L'ensemble de ces horloges et de toutes celles des stations du segment de contrôle au sol est appelé horloge composite (CC, *Composite Clock*). L'horloge composite a été établie le 17 juin 1990 à 0 heure. Elle est référencée par rapport à une horloge maître située au US Naval Observatory (USNO). La tolérance de cette horloge a été fixée à une microseconde[1]. Cependant, durant ces dernières années, l'horloge composite n'a varié que de quelques dixièmes de microseconde. L'horloge de chaque satellite est contrôlée en permanence par les stations au sol.

Lorsque l'altitude est parfaitement connue, seuls trois satellites sont nécessaires pour déterminer l'heure exacte. Si la position est parfaitement connue, pour une station fixe par exemple, un seul satellite permet de déterminer l'heure exacte avec une erreur inférieure à une microseconde.

## Temps GPS

Le temps GPS est référencé par rapport à un temps zéro, défini comme étant le 6 janvier 1980 à 0 heure. Les satellites transmettent, avec le message de navigation, le nombre de semaines écoulées depuis le temps GPS zéro. Le nombre de secondes écoulées (compris entre 0 et 604 800 secondes) depuis le début de la semaine en cours (défini comme étant le dimanche à 0 heure) est également transmis. Le temps GPS n'est généralement pas affiché par les récepteurs GPS.

## Temps UTC

Si, lors de l'établissement du temps GPS en 1980, celui-ci était strictement égal au temps universel appelé temps UTC (*Universal Time Coordinate*)

1. Une microseconde vaut un millionième de seconde.

(autrefois temps GMT), cela n'est plus vrai aujourd'hui. En raison des ralentissements de la Terre, le temps UTC doit être périodiquement corrigé.

Lorsqu'une correction est requise, environ une fois tous les ans et demi, une seconde est alors ajoutée au temps UTC. Aujourd'hui, le temps UTC est en retard d'une quinzaine de secondes par rapport au temps GPS. La différence entre le temps GPS et le temps UTC s'obtient grâce aux données transmises par les satellites. L'heure affichée par le récepteur GPS doit donc tenir compte du décalage entre le temps GPS et le temps UTC. Les récepteurs GPS effectuent en général cette correction automatiquement, et affichent bien l'heure UTC.

Il est possible de vérifier l'heure indiquée par son GPS ainsi que les différentes heures (local, UTC, GPS...) en se rendant sur le site :

- http://leapsecond.com/java/gpsclock.htm

## Heure locale

L'heure affichée par le récepteur GPS doit tenir compte du fuseau horaire, généralement programmé par l'utilisateur. Lors du changement d'heure d'été ou d'hiver, le changement est habituellement effectué automatiquement, mais suivant l'appareil, il peut être nécessaire de modifier manuellement la valeur du fuseau horaire. En France et dans le reste de l'Europe centrale, le décalage doit être de plus de deux heures l'été et de plus d'une heure l'hiver. La navigation dans les eaux internationales implique l'utilisation des valeurs consignées dans les tableaux de la figure 4-4.

| Longitude ouest | Fuseau |
|---|---|
| 180° à 172,5° | - 12 |
| 172,5° à 157,5° | - 11 |
| 157,5° à 142,5° | - 10 |
| 142,5° à 127,5° | - 9 |
| 127,5° à 112,5° | - 8 |
| 112,5° à 97,5° | - 7 |

| Longitude est | Fuseau |
|---|---|
| 180° à 172,5° | + 12 |
| 172,5° à 157,5° | + 11 |
| 157,5° à 142,5° | + 10 |
| 142,5° à 127,5° | + 9 |
| 127,5° à 112,5° | + 8 |
| 112,5° à 97,5° | + 7 |

Figure 4-4 *Fuseaux horaires*

| Longitude ouest | Fuseau |
|---|---|
| 97,5° à 82,5° | - 6 |
| 82,5° à 67,5° | - 5 |
| 67,5° à 52,5° | - 4 |
| 52,5° à 37,5° | - 3 |
| 37,5° à 22,5° | - 2 |
| 22,5° à 7,5° | - 1 |
| 7,5° à 0° | 0 |

| Longitude est | Fuseau |
|---|---|
| 97,5° à 82,5° | + 6 |
| 82,5° à 67,5° | + 5 |
| 67,5° à 52,5° | + 4 |
| 52,5° à 37,5° | + 3 |
| 37,5° à 22,5° | + 2 |
| 22,5° à 7,5° | + 1 |
| 7,5° à 0° | 0 |

FIGURE 4-4 *Fuseaux horaires (suite)*

## Heure affichée

Le microprocesseur du récepteur GPS chargé d'analyser les signaux des satellites contrôle également l'affichage. Ce dernier ayant une priorité inférieure à toutes les autres fonctions, les informations ne sont mises à jour qu'environ une ou deux fois par seconde. L'heure est donc généralement affichée avec une précision de l'ordre d'une seconde.

## Date

Le récepteur GPS fournit naturellement la date. Le changement de date s'effectue à zéro heure locale ou à zéro heure UTC lorsque le récepteur ne tient pas compte du fuseau horaire.

## Temps au suivant (ETE ou TTG)

En fonction de la vitesse d'approche VMG et de la distance du waypoint, les récepteurs affichent le temps nécessaire pour atteindre le prochain waypoint, si la vitesse VMG reste constante. Cette indication est appelée, suivant les fabricants, ETE *(Estimated Time Enroute)* ou TTG *(Time To Go)*.

Lorsque l'on suit une route composée de plusieurs waypoints, le récepteur est généralement capable d'afficher les différents temps ETE pour chacun des waypoints, ainsi que le temps nécessaire pour arriver à destination

(ETE à destination). Cette estimation se fonde uniquement sur le VMG courant et reste donc très aléatoire lorsque l'on se déplace à des vitesses d'approche très variables, comme lorsque l'on navigue à la voile ou lorsque le dénivelé est variable.

### Heure d'arrivée (ETA)

En plus d'afficher le temps nécessaire pour atteindre le prochain waypoint, il est également possible d'afficher l'heure d'arrivée à destination (ETA, *Estimated Time of Arrival*). Les PND affichent l'heure d'arrivée en fonction des vitesses limites des routes empruntées et parfois du type de véhicule utilisé ou du mode de locomotion. Lorsqu'ils disposent de l'information du trafic (TMC), les PND peuvent inclure dans le calcul de l'heure d'arrivée les ralentissements dus au trafic.

## Messages et alarmes

Les alarmes servent, après programmation, à informer l'utilisateur d'une condition particulière ou imminente. Les alarmes et messages sont sonores, visuels ou les deux.

Bien que les alarmes équipent de plus en plus les récepteurs modernes, il est rare qu'un appareil possède toutes celles mentionnées ci-après. Il est bon de vérifier, lorsque l'on choisit un récepteur, qu'il est bien doté des fonctions souhaitées.

### Alarme d'approche

Lorsque l'on s'approche d'un waypoint ou d'un point d'intérêt (POI, *Point of Interest*), une alarme peut se déclencher automatiquement. Il est parfois possible de sélectionner la distance à partir de laquelle l'alarme se déclenche.

Certains récepteurs utilisent l'information ETE et déclenchent l'alarme quelques secondes ou quelques minutes avant d'atteindre le waypoint. Ce temps est fixe ou programmable, suivant le récepteur.

Les PND signalent automatiquement l'approche d'un embranchement, ou toute autre information sur la route à suivre.

### Dépassement de waypoint

Cette fonction utile en navigation maritime déclenche une alarme lorsque l'on dépasse une ligne imaginaire passant par le waypoint, et perpendiculaire à la ligne joignant le waypoint précédant au waypoint courant (voir figure ci-dessous).

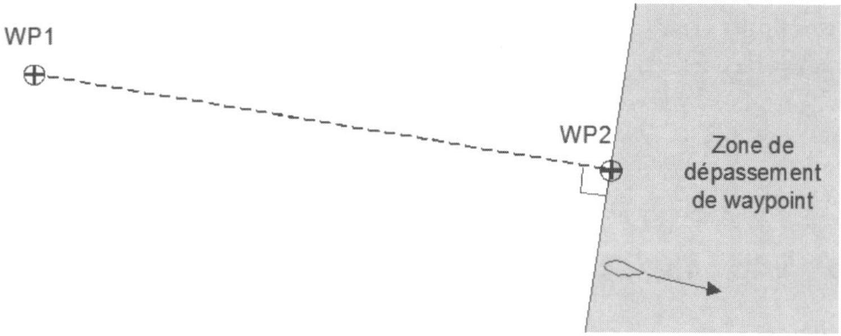


FIGURE 4-5 *Alarme de dépassement de waypoint*

## Alarme d'erreur de route

L'alarme d'erreur de route se déclenche lorsque l'information XTE dépasse une valeur programmée par l'utilisateur. Cette fonction est très utile lorsque l'on doit rester dans un couloir de navigation ou en présence de dangers.

## Zone de garde ou alarme de proximité

La zone de garde délimite des zones qu'il ne faut pas approcher. Une zone de garde est définie par une position géographique et un rayon. L'alarme se déclenche aussitôt que l'on entre dans un des cercles ainsi définis.

## Alarme de mouillage

L'alarme de mouillage peut être considérée comme l'inverse de la zone de garde. Elle délimite une zone de laquelle on ne doit pas sortir. Cette fonction, destinée à détecter le dérapage de l'ancre d'un navire, est utilisable de préférence avec un récepteur GPS différentiel ou compatible Egnos. Dans le cas contraire, le rayon de la zone de garde devra être de l'ordre d'une vingtaine de mètres en plus de la longueur du mouillage, afin d'éviter des déclenchements intempestifs. Le centre de la position de l'alarme devra être entré à l'endroit où l'ancre a été mouillée et non une fois la chaîne tendue.

## Alarme HDOP

Sur certains récepteurs, il est possible de déterminer un seuil maximal pour la valeur HDOP. Aussitôt que ce seuil sera atteint, une alarme se déclenchera indiquant que la précision fournie par l'appareil n'est pas suffisante. Bien qu'elle ne soit pas programmable, cette fonction est généralement fournie par la majorité des récepteurs. Lorsqu'un niveau préprogrammé de HDOP est atteint, l'appareil affiche un message indiquant que la couverture des satellites n'est pas satisfaisante et que la précision risque de ne pas être suffisante. Ce seuil est souvent fixé par les fabricants de récepteurs GPS à une valeur HDOP de 12.

# Homme à la mer (MOB)

La fonction MOB (*Man Over Board*) équipe de nombreux récepteurs GPS. Il suffit d'appuyer sur un bouton et le récepteur mémorise la position courante ; il utilise aussitôt ce waypoint comme destination courante.

Bien que cette fonction soit principalement destinée aux marins, elle peut être très utile pour toute autre utilisation lorsque l'on désire revenir à un point. Ainsi, si l'on désire explorer un lieu inconnu, une simple pression sur la touche MOB avant de quitter le chemin permettra à tout moment de revenir en un lieu connu. Il faut toutefois savoir rester prudent : un récepteur GPS n'est jamais à l'abri d'une panne.

# Waypoints

Le waypoint est une notion essentielle pour tous les GPS autres que les PND et destinés à la navigation. Si le récepteur ne comporte aucun waypoint mémorisé, il n'est pas possible de lui spécifier une destination. Les seules indications de navigation disponibles seront alors la position, la direction et la vitesse de déplacement.

Les waypoints sont également appelés « points tournants », « points de route », « points mémorisables » ou « points désignés » selon les ouvrages.

Le waypoint est mémorisé de différentes manières. Une première méthode consiste à entrer les coordonnées d'un lieu connu. Sur les GPS disposant d'une cartographie intégrée, on peut définir un waypoint en pointant un lieu sur la carte. Il est également possible d'utiliser un POI comme waypoint courant. Un waypoint est dit courant lorsque celui-ci est utilisé comme destination intermédiaire ou finale.

Une autre possibilité consiste à mémoriser le lieu où l'on se trouve.

Cette fonction de mémorisation de la position actuelle pour une utilisation ultérieure, est généralement facile d'accès ; il faut cependant veiller à ce qu'elle puisse être effectuée rapidement, en appuyant par exemple sur une seule touche. Très souvent, un nom par défaut est automatiquement attribué au waypoint qu'il faudra renommer pour le retrouver facilement. La date et l'heure de sauvegarde sont parfois également enregistrées.

## Noms, commentaires et symboles

À chaque waypoint, il est possible d'associer un nom comprenant un minimum de 5 caractères alphanumériques. Lors de l'attribution du nom du waypoint, il sera essentiel qu'il ne puisse pas y avoir confusion avec un autre waypoint pour une utilisation ultérieure. Pour cette raison, le nombre de caractères des noms des waypoints est un critère de choix non négligeable lors de l'achat d'un récepteur GPS.

Un commentaire décrivant le waypoint ainsi qu'un symbole peuvent, suivant les récepteurs, être associés aux waypoints. Le commentaire est très utile lorsque le nom n'est pas suffisamment explicite. Les symboles permettent de représenter les waypoints au moyen d'un petit dessin lors d'une représentation graphique.

## Routes

La notion de route est une fonction essentielle en navigation (voir chapitre 7, section *Établir une route*). Une vingtaine de routes qui comptent chacune plusieurs dizaines de waypoints peuvent être établies et gardées en mémoire. La fonction route réversible est très intéressante, puisqu'elle permet d'utiliser la même route indifféremment dans un sens ou dans l'autre.

## Waypoints préprogrammés et POI

Certains récepteurs possèdent une liste de waypoints préprogrammés qui correspondent à des villes, des lieux connus ou à des points d'intérêt (POI, *Point of Interest*). Des bases de données POI sont également disponibles sur Internet pour téléchargement dans le récepteur. Il faudra cependant avant toute utilisation, lorsque notre sécurité peut être mise en jeu, vérifier la position indiquée par ces waypoints.

# Coucher et lever des astres

De nombreux récepteurs fournissent les heures de lever et de coucher du Soleil, de la Lune ou d'autres astres. Ces informations très précises sont cependant données pour le niveau de la mer et des différences notables peuvent êtres observées en montagne ou en avion.

# Mode simulateur

Le mode simulateur offert par certains récepteurs s'avère très utile lors de la préparation de routes. Dans ce mode, tous les circuits électroniques et les fonctions destinés à la réception des signaux satellites sont complètement désactivés. Ces fonctions étant particulièrement gourmandes en énergie, ce mode permet d'économiser les piles des récepteurs portables lorsque la fonction de positionnement n'est pas nécessaire lors de l'introduction de waypoints, par exemple.

# Informations générales

Outre les fonctions de positionnement et de navigation, le récepteur est susceptible d'afficher des informations telles que :

- le mode courant du récepteur : positionnement 2D ou 3D, acquisition des satellites, recherche du ciel, mode différentiel, simulateur, etc. ;
- le niveau des piles ou des accumulateurs. Il faudra veiller à ce que le type de batterie utilisé puisse être programmé afin que la jauge de niveau soit cohérente ;
- la précision estimée de la position (EPE). Cette information ne tient pas compte de tous les facteurs de dégradation et ne fournit donc qu'une valeur indicative ;
- la valeur du PDOP, HDOP ou GDOP ;
- une carte schématique du ciel présentant une vue d'ensemble des satellites visibles ;
- le nombre et les numéros des satellites reçus avec éventuellement les corrections différentielles ;
- la puissance de réception des signaux émis par chaque satellite ;
- le nombre de waypoints utilisés et disponibles.

# Antenne

L'antenne est un élément indispensable pour les récepteurs GPS. Elle peut être intégrée au récepteur, donc invisible, connectée à l'extérieur du récepteur ou encore déportée lorsqu'il s'agit d'un récepteur fixe.

Les récepteurs à antenne intégrée sont aujourd'hui les plus courants, ils sont plus légers et moins fragiles. Cependant, ce type d'antenne est moins performant que les antennes extérieures. Certains récepteurs offrent toutefois la possibilité d'y connecter une antenne extérieure afin d'améliorer la réception dans des conditions difficiles.

## Interface

Tous les récepteurs GPS portables et les PND utilisent aujourd'hui une interface USB afin de télécharger des informations comme des waypoints, de nouvelles cartes ou de mettre à jour le logiciel du système à l'aide d'un micro-ordinateur.

Si l'on souhaite connecter son récepteur à d'autres instruments, il est indispensable que celui-ci soit équipé d'une interface au standard NMEA 0183. Il sera nécessaire d'utiliser un multiplexeur NMEA possédant une entrée USB pour connecter un récepteur GPS utilisant une interface USB à d'autres instruments NMEA.

Depuis le déploiement du système Egnos, les émetteurs de signaux DGPS ont perdu de leur intérêt. Cependant en dehors de l'Europe, de l'Amérique du Nord et du Japon, recevoir les signaux DGPS retrouve tout son intérêt. Une connexion dotée du protocole RTCM SC-104 est alors nécessaire.

## Mise à jour du système

De nombreux récepteurs GPS modernes possèdent le logiciel (micrologiciel) de leur système sauvegardé dans une mémoire flash. Le programme du récepteur GPS peut ainsi facilement être mis à jour, de nouvelles versions étant périodiquement proposées par le fabricant sur Internet. Il suffit généralement de télécharger gratuitement une nouvelle version du programme pour disposer d'améliorations notables de l'appareil ainsi que de nouvelles fonctions.

Cette possibilité est extrêmement intéressante car elle permet de disposer d'un appareil performant et pouvant être amélioré pendant de nombreuses années. Lors de l'achat d'un nouvel appareil, on veillera donc à ce que le logiciel du système puisse facilement être mis à jour et que ses nouvelles versions soient disponibles sur Internet.

# Alimentation électrique

Hormis les récepteurs fixes alimentés par le véhicule sur lequel ils sont connectés, l'alimentation est un élément crucial pour les récepteurs GPS portables. Leur consommation est loin d'être négligeable et c'est souvent elle qui dicte le mode d'utilisation continu ou ponctuel.

Il est possible de remplacer les piles alcalines des récepteurs portables par des accumulateurs NiMH (*Nickel Metal Hydride*) rechargeables. Il est important de pouvoir configurer le type d'accumulateurs présent dans le récepteur. Les accumulateurs NiMH présentent une tension inférieure à celle des piles alcalines. Cette tension demeure à peu près stable entre 1,3 et 1,2 V durant toute la phase d'utilisation puis chute très brutalement. Suivant le modèle, la durée de fonctionnement des accumulateurs bien rechargés est équivalente ou parfois supérieure aux piles alcalines, cependant ils ont une fâcheuse tendance à se décharger, même lorsqu'ils ne sont pas utilisés.

# Autres caractéristiques

Outre celles déjà citées, chaque récepteur possède d'autres caractéristiques à ne pas négliger, suivant l'utilisation à laquelle il est destiné. Les plus intéressantes sont :

- un récepteur étanche. Actuellement, les récepteurs sont pour la plupart conformes à la norme IPX7, c'est-à-dire qu'ils supportent une immersion dans l'eau à un mètre de profondeur, ceci pendant une durée de 30 minutes. Attention ! Certains récepteurs portables sont simplement résistants aux projections d'eau ;
- une mémoire non volatile. Les récepteurs d'une technologie récente possèdent une mémoire non volatile de type flash. Ces récepteurs présentent l'avantage de ne pas perdre les waypoints ou toute autre infor-

mation mémorisée par le récepteur après l'usure des piles ou des accumulateurs, ou lorsque ceux-ci ont été retirés ;

- une grande plage de températures de fonctionnement. La température minimale d'utilisation de la plupart des récepteurs est généralement comprise entre - 10 °C et - 20 °C. La température maximale est souvent de 60 °C à 70 °C. Certains récepteurs sont cependant conçus pour une utilisation dans des zones de température extrême ;

Citons encore la protection du clavier contre toute pression fortuite, l'arrêt automatique quand aucun signal n'est détecté depuis un certain temps et l'affichage configurable.

chapitre

# 5

# GPS différentiel

*« Le monde évolue parce que certains marchent à côté des chemins. C'est dans la marge que se font les plus claires corrections. »*
Robert Mallet.

Aujourd'hui, la précision d'un GPS couvre presque tous les besoins de positionnement courants. Cependant, il est parfois nécessaire d'en disposer d'une plus grande, lors de la phase d'approche d'un port pour les bateaux ou d'un aéroport pour les avions, par exemple. Aussi le GPS différentiel (DGPS) a-t-il d'abord été introduit par les gardes-côtes américains et fut suivi de nombreux autres systèmes dont le WAAS/Egnos s'étendant à l'Amérique du Nord et l'Europe. Les industriels et les scientifiques ont également mis en œuvre différentes techniques pour obtenir une précision allant jusqu'au millimètre et couvrant des besoins particuliers.

Le DGPS est un moyen de corriger l'erreur sur la position fournie par le GPS. Une station de référence, dont la position est connue avec une très grande précision, est capable de déterminer l'erreur introduite par chaque satellite. Des signaux qui contiennent les valeurs des corrections à apporter pour chaque satellite sont alors émis par cette station. Le récepteur, après avoir reçu ces signaux, est en mesure de corriger la pseudo-distance qui a été déterminée pour chacun des satellites. La position géographique est alors définie par le récepteur avec une précision dépendant de la qualité des informations de corrections reçues et de la distance de l'émetteur DGPS.

Il existe plusieurs systèmes de GPS différentiels. Cependant, quel que soit le système utilisé, le DGPS est généralement constitué des trois composantes suivantes :

- une station de contrôle terrienne qui recueille en permanence les données émises par les satellites et qui calcule les corrections à apporter pour chacun d'eux ;
- un moyen de transmission des informations de corrections. L'émetteur peut se situer au même endroit que la station de contrôle ou bien être déporté, par exemple dans le cas d'un satellite, ou encore être intégré dans un réseau de stations de contrôle. Les informations peuvent également être enregistrées pour un traitement différé ;
- un récepteur capable de recevoir les informations de corrections DGPS et connecté à un récepteur GPS ou bien intégré au récepteur GPS, équipé d'une fonction de correction différentielle. Lors de traitement en mode différé, les informations reçues sont simplement enregistrées, puis traitées ultérieurement.

La précision du DGPS varie de un mètre à quelques millimètres, suivant la technique utilisée et la qualité des récepteurs. Cependant, dans tous les cas, la précision dépend de la distance entre le récepteur et la station de contrôle. Plus la distance les séparant est grande, moins la précision est bonne. Le tableau suivant présente les principaux systèmes de GPS différentiels disponibles avec leurs performances spécifiques, leurs zones de couverture et leurs principales utilisations.

| Système | Erreur horizontale typique 95 % *centimètres* | Couverture | Utilisations principales |
|---|---|---|---|
| Egnos/SBAS | 100 | Europe, Amérique du Nord, Japon | Maritime, aviation |
| Eurofix | 100 | Europe | Maritime |
| OmniSTAR-VBS | 65 | Mondiale* | Agriculture |
| StarFire-SF1 | 30 | Mondiale* | Agriculture |
| DGPS Sat-Info | 30 | France | Topographie, agriculture |
| OmniSTAR-XP | 15 | Mondiale* | Agriculture |
| OmniSTAR-HP | 10 | Mondiale* | Topographie, agriculture |
| SeaSTAR | 10 | Mondiale* | Maritime |
| Veripos | 10 | Mondiale* | Maritime |
| StarFire-SF2 | 10 | Mondiale* | Agriculture |
| StarFire-RTK | 2 | Mondiale* | Autoguidage, topographie |
| RTK Sat-Info | 2 | France | Topographie, agriculture |

FIGURE 5–1 *Principaux systèmes de GPS différentiels disponibles*

** Note : les signaux de correction GPS étant transmis par des satellites géostationnaires au-dessus de l'équateur, au-delà de 75° de latitude nord et sud, le service se dégrade et devient difficilement utilisable.*

# GPS à différence de code

Le principe du GPS à différence de code, plus communément appelé GPS différentiel, est de recueillir les informations reçues par chaque satellite au moyen d'une station dont la position est parfaitement connue. Les corrections à apporter aux informations sont alors calculées par la station puis fournies aux récepteurs dont la position est inconnue.

Les informations de corrections sont généralement transmises au moyen d'un émetteur radio, afin d'être traitées en temps réel par le récepteur GPS. L'erreur de pseudo-distance peut ainsi être corrigée par le récepteur pour chaque satellite.

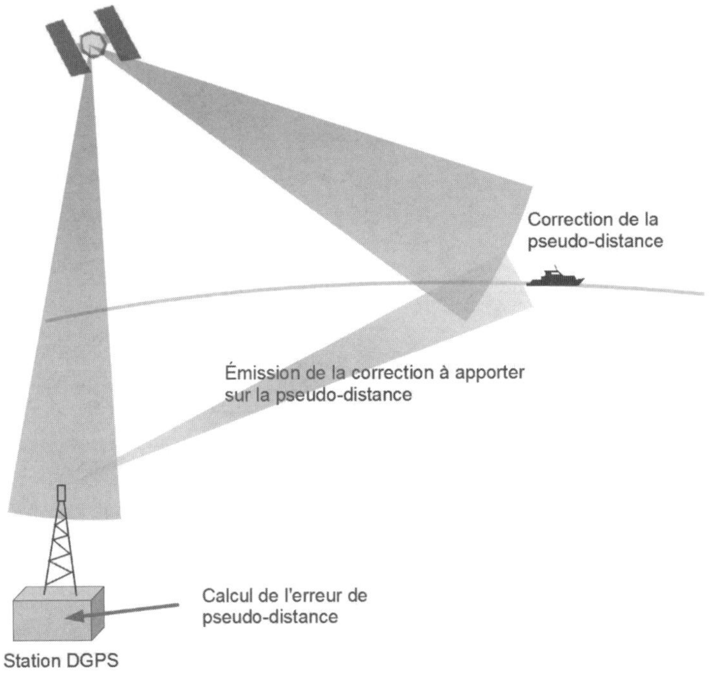


FIGURE 5-2 *GPS à différence de code*

Il est nécessaire de posséder un récepteur DGPS pour recueillir et démoduler les signaux de correction. Le récepteur DGPS sera alors connecté à un récepteur GPS à l'aide d'une liaison RTCM. Il existe aussi des récepteurs GPS incorporant un récepteur DGPS. De plus, aujourd'hui, tous les récepteurs GPS incluent également la fonction de correction WAAS/Egnos.

Le DGPS permet une précision inférieure à un mètre, avec une probabilité de 95 %, dans un rayon d'une centaine de kilomètres autour de l'émetteur. Le DGPS supprime la plupart des erreurs communes. Il permet d'améliorer l'intégrité du système en corrigeant toutes les erreurs dues au mauvais fonctionnement d'un satellite. Ces erreurs peuvent n'être détectées et corrigées qu'au bout de plusieurs minutes par les stations au sol. Le DGPS corrige instantanément ces erreurs ou avertit le récepteur de ne pas utiliser les informations fournies par le satellite. Le DGPS permet dans certains cas d'utiliser des satellites déclarés invalides et d'améliorer ainsi le HDOP et le GDOP. Les informations nécessaires au DGPS sont transmises au moyen d'émetteurs radio. Toutes les bandes radio, depuis la bande GO jusqu'à la bande UHF, peuvent être employées. Les informations de corrections peuvent également être émises au moyen de satellites, du réseau de téléphonie mobile ou à l'aide d'une connexion Internet.

## GPS à différence de phase

La technique utilisée ici est assez différente de la précédente. Ce ne sont plus seulement les informations contenues dans le signal des satellites qui sont utilisées, mais le décalage du signal lui-même entre un point de référence et le point de mesure. Cette technique sert principalement pour les relevés topographiques et remplace ainsi les anciennes méthodes de relèvement.

Cette méthode permet de mesurer deux points éloignés jusqu'à 30 kilomètres avec une précision comprise entre un millimètre et un centimètre, suivant les appareils utilisés. Au-delà de 30 kilomètres, les délais introduits par l'ionosphère risquent de ne plus être suffisamment corrigés.

Cette mesure doit être statique ; il n'est en effet pas possible d'effectuer un relevé si le récepteur est mobile. Un seul satellite est utilisé et plusieurs mesures sont effectuées à différentes positions du satellite. La position exacte en est déduite par calcul. Une plus grande précision implique l'emploi de plusieurs satellites. Généralement, les informations sont simplement enregistrées, puis traitées sur un ordinateur puissant qui les compare avec celles du lieu de référence.

Le traitement en temps réel des informations permet d'obtenir une précision de l'ordre du centimètre. Cette technique nécessite cependant des liaisons de données à très haut débit de type QPSK, des récepteurs de bonne qualité et un traitement intégré très poussé. Le prix de ces appareils reste toujours très élevé.

Il existe également des systèmes mobiles à différence de phase appelés RTK (*Real Time Kinematic*) permettant une précision de l'ordre de quelques centimètres en temps réel. Ces systèmes comprennent une station de base fixe ou semi-mobile et un récepteur mobile RTK recevant les corrections depuis la station de base. Ils sont généralement utilisés pour les relevés de terrain ou le guidage automatique de véhicules.

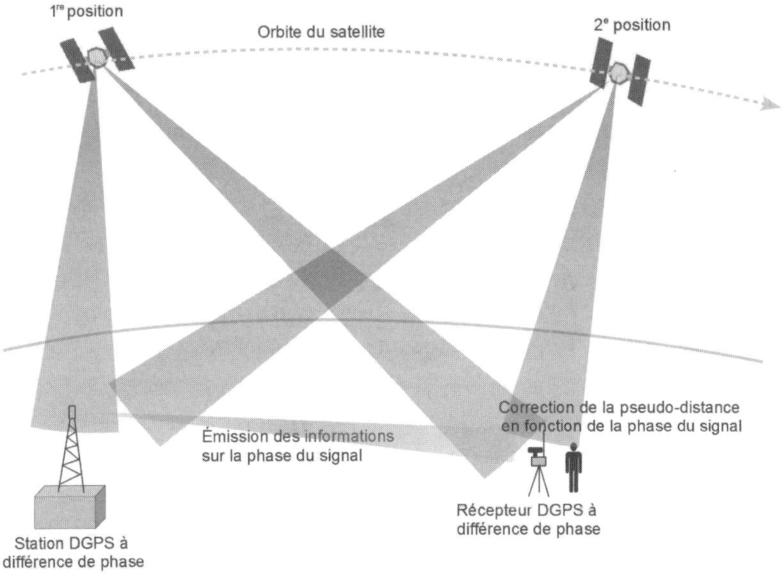


FIGURE 5-3 *GPS à différence de phase*

# Émetteurs GPS différentiel

Il existe de nombreux moyens pour transmettre les corrections des données fournies par les satellites. On distingue principalement les émetteurs DGPS locaux (LDGPS ou LADGPS, *Local Area Differential GPS*), et les émetteurs DGPS à large couverture (WDGPS ou WADGPS, *Wide Area Differential GPS*).

Les informations de corrections transmises utilisent généralement le format défini par le standard RTCM SC-104 (*Radio Technical Commission*

*Marine*). Les informations sont généralement émises à un rythme de répétition inférieur à 20 secondes. L'aviation civile utilise également le format RTCA DO-217 (*Radio Technical Commission for Aeronautics*) pour la phase d'approche qui nécessite une grande précision.

Les informations de corrections peuvent également être transmises par Internet. Le protocole NTRIP (*Networked Transport of RTCM via Internet Protocol*) est alors utilisé.

Pour pouvoir se servir des informations fournies par les émetteurs DGPS, il est nécessaire de disposer d'un récepteur approprié au média DGPS utilisé connecté au récepteur GPS. Celui-ci doit être capable de recevoir et d'interpréter les corrections provenant du récepteur DGPS. On dit alors que le récepteur GPS est compatible différentiel. Certains récepteurs GPS intègrent un récepteur DGPS.

## Émetteurs DGPS locaux (LDGPS)

Les émetteurs DGPS locaux peuvent être utilisés dans un rayon d'une centaine de kilomètres autour de l'émetteur. Leur portée se situe entre quelques kilomètres et 250 kilomètres. Les médias employés sont généralement les ondes hertziennes, dans les bandes GO, PO, FM ou VHF. Les signaux RDS des émetteurs FM peuvent également servir pour transmettre les informations DGPS. Le système AGPS utilise les réseaux de téléphonie mobile.

## Émetteurs DGPS à large couverture (WDGPS)

Les émetteurs DGPS à large couverture sont généralement intégrés à un réseau. Plusieurs stations de contrôle réparties dans la zone de réception sont utilisées afin d'éliminer les erreurs locales (ionosphère, réflexions parasites, etc.). Seules les erreurs globales comme la précision des informations émises par les satellites sont corrigées et transmises. De ce fait, le WDGPS est généralement moins précis que le LDGPS.

Outre des émetteurs hertziens, des satellites géostationnaires sont également utilisés pour transmettre les informations WDGPS. Egnos et WAAS font partie de ce type de système.

# Post-traitement

Lorsque le GPS n'est pas utilisé pour la navigation, mais par exemple pour effectuer des relevés de terrain, il est possible d'enregistrer les informations reçues de chaque satellite. En même temps et en un lieu dont la position est parfaitement connue, ces mêmes informations sont enregistrées. Un traitement informatique est effectué par la suite en temps différé : une comparaison est établie entre les informations recueillies au point de relèvement et celles du point de référence.

Pour effectuer le post-traitement, il est nécessaire d'enregistrer la pseudo-distance de chaque satellite ; en effet, on ne peut pas enregistrer uniquement la position géographique calculée. Un récepteur GPS, capable de fournir les informations requises dans un format pouvant être utilisé par la suite, est donc indispensable. C'est généralement le format Rinex (*Receiver Independent Exchange*) qui sert le plus pour recueillir et enregistrer ces informations. La plupart des récepteurs GPS courants ne fournissent pas ce genre d'informations.

La précision de cette méthode varie en fonction du type de récepteur utilisé, de la distance séparant le point de relèvement du point de référence et du mode d'acquisition qui peut être statique, « statique rapide », ou cinématique.

Le mode statique consiste à recueillir des informations au même endroit pendant plusieurs heures. La qualité de la mesure peut alors être de l'ordre du millimètre avec des récepteurs haute précision.

Le mode « statique rapide » consiste à recueillir des informations en restant stationné pendant un temps variant de quelques minutes à une heure. Cette technique permet de relever plusieurs points dans la même journée, avec une précision de l'ordre du centimètre.

Le mode cinématique permet d'effectuer des relevés à partir d'un mobile. Grâce à lui, il est possible de relever par exemple le tracé d'une route ou les contours d'un terrain avec une précision de l'ordre de quelques centimètres. La plupart des traitements cinématiques nécessitent une initialisation statique, c'est-à-dire qu'il est nécessaire de rester quelques minutes sur le point de départ avant d'effectuer le relevé.

# Intégrité apportée par le DGPS

L'intégrité du système est largement améliorée par le GPS différentiel ; tout dysfonctionnement ou tout satellite défaillant est immédiatement détecté par la station de contrôle. Les corrections sont aussitôt transmises au récepteur DGPS puis au récepteur GPS.

La correction apportée à chaque satellite est suffisamment efficace pour permettre l'utilisation d'un satellite déclaré hors service. Il est ainsi possible d'améliorer également la géométrie des satellites (GDOP) et donc la précision finale de la position.

# Systèmes DGPS disponibles en Europe

De nombreux systèmes qui transmettent des informations DGPS et visent des objectifs et des utilisateurs différents ont été mis en place. Certains de ces systèmes sont privés et requièrent parfois un équipement spécial pour recevoir et décoder les signaux, et un abonnement. Nous en citerons ici quelques-uns, sachant que de nouveaux systèmes apparaissent régulièrement.

## Egnos (SBAS)

Egnos (*European Geostationary Navigation Overlay Service*) est le système européen destiné à améliorer les signaux provenant du GPS et du système russe Glonass, compatible avec le système américain WAAS (*Wide Area Augmentation System*), le système japonais MSAS (*Multi Satellite-based Augmentation System*) et le système indien GAGAN (*GPS and Geo Augmented Navigation*). Les quatre systèmes Egnos, WAAS, MSAS et GAGAN, compatibles entre eux forment le système SBAS (*Satellite-Based Augmentation System*). D'autres systèmes compatibles avec SBAS sont également en cours d'implémentation tels que le système chinois SNAS ou le système canadien CWAAS. Les corrections transmises par Egnos ne sont utilisables qu'en Europe et dans l'Atlantique Nord-Est, alors que les corrections WAAS ne sont utilisables qu'aux États-Unis et les corrections MSAS autour du Japon (voir figure 5-4).

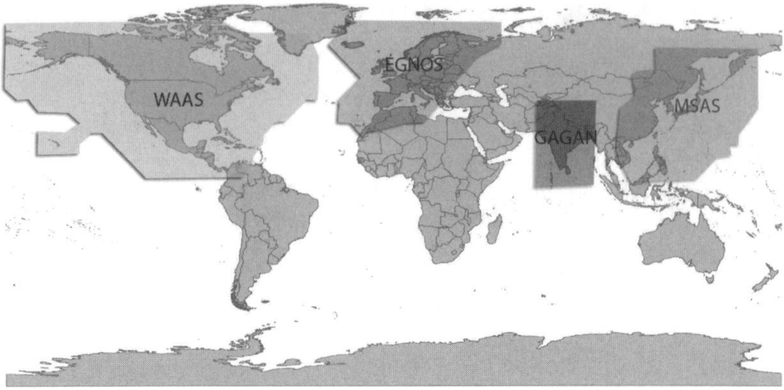


FIGURE 5-4 *Couverture SBAS*

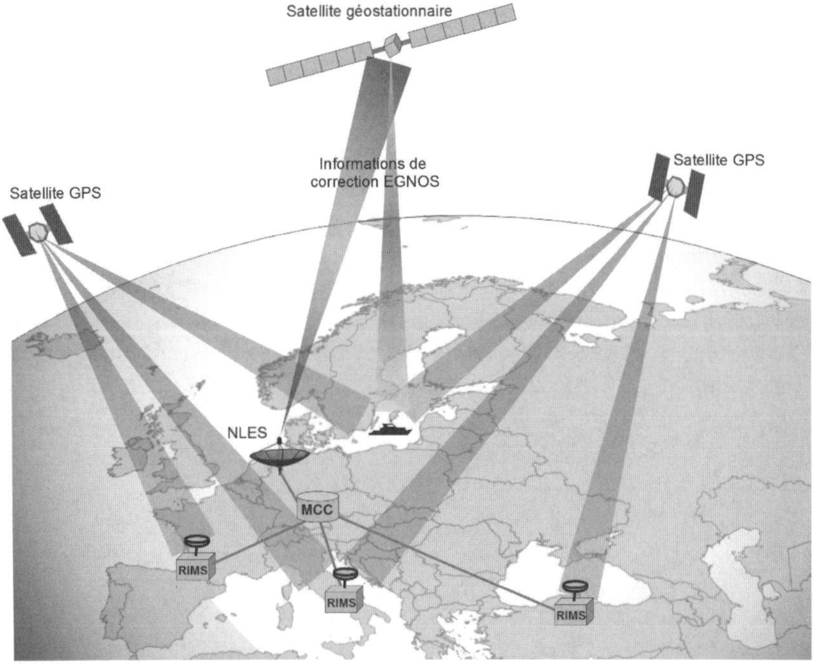


FIGURE 5-5 *Le système Egnos*

Les signaux Egnos sont émis à partir des satellites géostationnaires Inmarsat et Artemis, et sont contrôlés par un réseau de stations terriennes. Les informations en provenance des satellites GPS sont captées par une quarantaine de stations au sol (RIMS, *Ranging and Integrity Monitoring Station*) réparties principalement sur toute la zone de couverture d'Egnos. Les centres de contrôle maîtres ou MCC (*Master Control Center*) sont chargés de récupérer les messages captés par les stations RIMS, et s'occupent du calcul et de la distribution des messages qui seront transmis par les satellites géostationnaires. Egnos comprend quatre MCC situés en Grande-Bretagne, en Italie, en Espagne et en Allemagne. À tour de rôle, un de ces MCC est chargé de la supervision et du contrôle du système. Six stations de transmission (NLES, *Navigation Land Earth Station*) sont en charge de transmettre les messages Egnos vers les trois satellites géostationnaires (voir figure 5-5).

Le système est totalement opérationnel depuis le 2 mars 2011 pour la navigation aérienne et pour des applications où la sécurité est critique, avec une précision observée de l'ordre de 1 mètre en horizontal et de 2 mètres en vertical. Egnos permet de garantir l'intégrité des informations qui seront reçues au minimum pour les 150 prochaines secondes et d'informer en moins de six secondes l'utilisateur de tout dysfonctionnement.

Aujourd'hui, tous les récepteurs GPS disponibles dans le commerce sont compatibles WAAS/Egnos. Ces récepteurs ne requièrent aucun équipement supplémentaire pour recevoir les signaux Egnos. Les informations WAAS/Egnos sont libres d'accès et ne nécessitent donc aucun abonnement ou frais d'installation. Les signaux Egnos étant identiques aux signaux GPS, les récepteurs compatibles Egnos ne sont pas beaucoup plus compliqués et donc guère plus chers à fabriquer.

Les satellites géostationnaires sont identifiés comme des satellites GPS par les récepteurs par un numéro d'identification (ID). Au total, 19 identificateurs (ID 33 à 51)[1] sont réservés pour les satellites géostationnaires SBAS. Le tableau suivant fournit la liste des satellites utilisés pour la transmission des signaux SBAS.

1. Les récepteurs utilisent le numéro de PRN pour identifier un satellite GPS (PRN 1 à 32) et le numéro de PRN – 87 pour l'identification d'un satellite géostationnaire SBAS (PRN 120 à 138).

| Système SBAS | Satellites | Position | ID |
|---|---|---|---|
| Egnos | Inmarsat 3-F2 AOR-E | 15.5° Ouest | 33 |
| Egnos | Artemis | 21.5° Est | 37 |
| Egnos | Inmarsat 4-F2 IOR-W | 25° Est | 39 |
| Gagan | GSAT 8 | 55° Est | 41 |
| MSAS | MTSAT 1R | 140° Est | 42 |
| WAAS | Inmarsat 4F3 | 98° Ouest | 46 |
| WAAS | Intelsat Galaxy 15 | 130° Ouest | 48 |
| MSAS | MTSAT 2 | 145° Est | 50 |
| WAAS | Telesat Anik F1R | 107.3° Ouest | 51 |

FIGURE 5-6 *Satellites géostationnaires SBAS*

L'utilisation des corrections SBAS doit être activée dans les menus du récepteur. On vérifiera que les corrections sont bien appliquées. La figure 5-7 montre un écran de récepteur Garmin indiquant par un « D » les satellites utilisant les corrections différentielles du système Egnos. Dans l'exemple, l'identificateur 33 signale le satellite transmettant le signal de correction Egnos.

> ATTENTION
>
> Les signaux provenant des satellites transmettant les corrections Egnos sont plus faibles que ceux des satellites GPS, et donc susceptibles de ne pas être reçus correctement en certains endroits (villes, forêts, montagnes...). Il ne faudra donc pas compter sur la précision fournie par Egnos en tous lieux et en permanence.

Les informations transmises par les satellites Egnos sont également disponibles par l'Internet au moyen du service SISNet (*Signal in Space through the Internet*). En milieu urbain, lorsque la réception des signaux Egnos est difficile, il est ainsi possible de continuer à recevoir des informations de corrections à l'aide d'un mobile GSM/3G. Bien que cela soit gratuit, il est indispensable d'obtenir un compte pour utiliser ce service. Vous pouvez obtenir un compte ou des informations complémentaires sur le service SISN et à l'adresse Internet suivante :

- http://www.egnos-pro.esa.int/sisnet

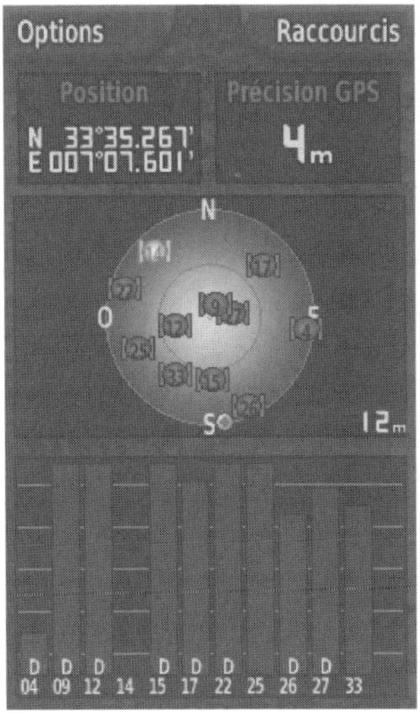


FIGURE 5–7 *Exemple d'écran indiquant la qualité des signaux satellites*

# AGPS

Le système GPS assisté (AGPS, *Assisted GPS*) a été exigé aux États-Unis par la commission E-911 imposant aux téléphones mobiles de fournir la position avec une grande précision lors de tout appel d'urgence. La Commission européenne E-112 sur les appels d'urgence ou de détresse est moins restrictive en n'obligeant pas les opérateurs à fournir des téléphones mobiles offrant une grande précision de la position lors d'un appel d'urgence, d'où un déploiement plus lent de l'AGPS en Europe.

Le principe du système AGPS est fondé sur des récepteurs GPS très simplifiés et entièrement assistés par un serveur distant relié à un réseau de téléphonie mobile. Ce système est composé d'un téléphone mobile GSM/3G équipé d'un module récepteur GPS très simplifié, d'un serveur AGPS qui observe en même temps les satellites visibles par le récepteur, et d'une infrastructure réseau permettant d'assister le récepteur AGPS en lui fournissant toutes les informations pour recevoir les signaux des satellites et en calculant la position.

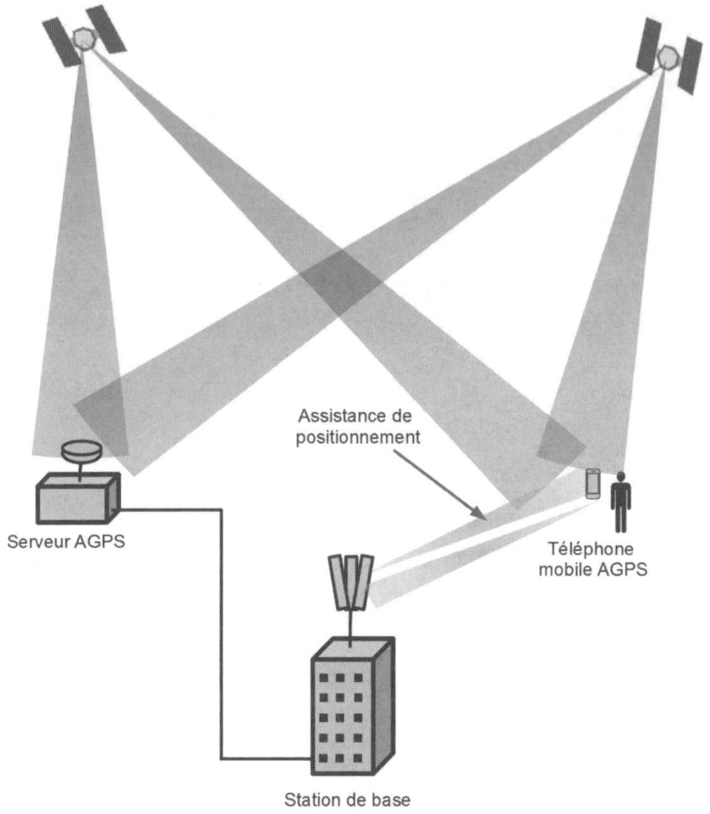


FIGURE 5-8 *Le système AGPS*

Les récepteurs AGPS reçoivent par le réseau de téléphonie mobile toutes les informations nécessaires à la recherche des satellites. Les informations sont transmises en utilisant un des protocoles de transfert de données (WAP, HTTP...) à haut débit offert par les modes GPRS, EDGE ou UMTS. En connaissant la cellule de téléphonie utilisée par le téléphone mobile, le serveur peut déterminer avec exactitude les signaux reçus par le récepteur, comme la phase de la séquence PRN ou le décalage de la fréquence du signal reçu du satellite, décalage dû à l'effet Doppler. Ainsi, le récepteur peut détecter et recevoir des signaux très faibles, ce qui était jusqu'alors difficile avec un récepteur autonome.

Une fois les signaux reçus, les informations décodées sont transmises au serveur AGPS qui effectuera tous les calculs de position, apportera les corrections nécessaires et détectera toute anomalie. Selon l'appareil utilisé, le calcul de la position peut également être effectué par le récepteur lui-même, s'il est équipé de cette fonction.

Le système AGPS permet d'établir une position en ville avec une précision de l'ordre de 3 à 5 mètres à l'extérieur, même dans des conditions de réception difficiles où la précision d'un GPS autonome serait fortement dégradée, et de l'ordre de 20 mètres à l'intérieur des bâtiments.

Outre la position, le serveur peut aussi fournir toutes sortes d'informations et points d'intérêt (POI), comme les restaurants, les banques, les stations-service ou tout autre lieu public se trouvant à proximité ; ceci concerne également la cartographie des environs, le guidage ou encore des informations publicitaires de proximité. Chaque opérateur pourra fournir tout type de service supplémentaire gratuit ou payant.

## Balises DGPS maritimes

Des balises DGPS maritimes sont disponibles près des côtes de la plupart des pays industrialisés. Ces balises émettent dans la bande de 285 à 325 kHz. Il s'agit généralement de radiophares utilisés pour la radiogoniométrie ; leur porteuse est modulée par la technique MSK (*Minimum Shift Keying*), afin que les informations de corrections soient transmises au format RTCM SC-104.

La portée des balises varie de quelques dizaines à plusieurs centaines de kilomètres. La figure 5-9 présente les stations disponibles en France et en Belgique, ainsi que leur portée maximale théorique. Cette portée peut cependant varier suivant les conditions de propagation des signaux et le matériel utilisé.

De nombreux récepteurs disponibles dans le commerce permettent de recevoir les signaux des balises DGPS maritimes. Ces récepteurs, après démodulation, retransmettent au récepteur GPS les informations de corrections au format RTCM SC-104. Les informations et les fréquences ayant été normalisées mondialement, un même récepteur DGPS peut ainsi être utilisé partout sur le globe où existent des balises DGPS maritimes. Certains récepteurs DGPS détectent automatiquement les émetteurs présents et utilisent la balise dont le signal est le meilleur.

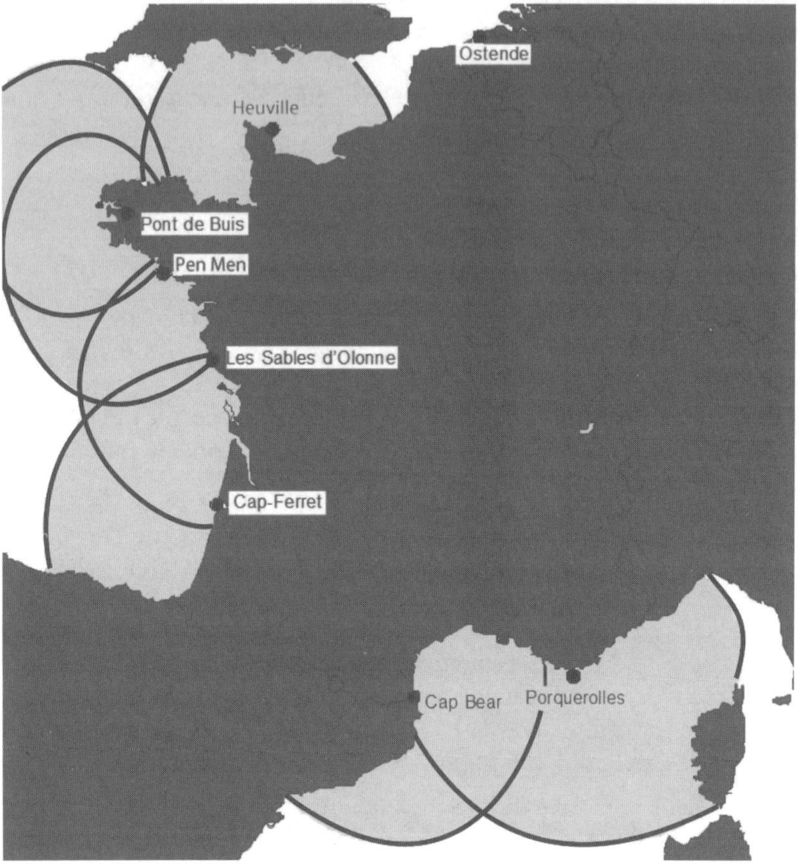


FIGURE 5-9 *Carte des balises DGPS en France et en Belgique*

Une antenne spéciale est nécessaire pour capter les signaux DGPS. Certaines antennes intègrent dans un même boîtier une antenne GPS et une antenne DGPS grandes ondes.

Les côtes des États-Unis et du Canada sont presque intégralement couvertes par les balises des gardes-côtes. Les pays d'Europe du Nord sont également bien couverts par les émetteurs DGPS. Les pays de l'hémisphère sud possèdent très peu de balises à accès libre. Le tableau suivant répertorie les caractéristiques des balises DGPS de navigation maritime disponibles en France. Le débit des informations transmises par ces stations est de 100 bits/s.

| Balise | Fréquence *kHz* | Position | ID *numéro* |
|---|---|---|---|
| Cap Bear | 304,5 | N 42″ 31′ - E 003″ 08′ | 338 |
| Cap Ferret | 310 | N 44″ 34′ - W 001″ 15′ | 336 |
| Heuville | 299 | N 49″ 42′ - W 001″ 16′ | 330 |
| Les Sables d'Olonne | 307 | N 46″ 31′ - W 001″ 48′ | 334 |
| Pen Men | 309 | N 47″ 39′ - W 003″ 31′ | 333 |
| Pont de Buis | 308,5 | N 48″ 18′ - W 004″ 05′ | 332 |
| Porquerolles | 286,5 | N 42″ 59′ - E 006″ 12′ | 339 |

FIGURE 5–10 *Caractéristiques des balises DGPS en France*

Dans le cadre de la mise en place du GNSS européen, certaines fréquences des stations DGPS ont été modifiées et certaines stations seront remplacées ; il est donc important de vérifier leurs caractéristiques et leur validité dans les documents du SHOM (voir bibliographie en fin d'ouvrage) ou sur le site www.ndblist.info/datamodes/worldDGPSfreqorder.pdf.

## Les systèmes privés

Certaines applications spécifiques requièrent une grande précision ; plusieurs sociétés privées proposent ainsi des services de corrections DGPS principalement destinés aux professionnels.

### Eurofix

Ce système utilise les émetteurs Loran-C dont les signaux sont légèrement modifiés afin de transmettre des informations DGPS. L'utilisation de ces émetteurs présente de nombreux avantages, alors que le système Loran-C était appelé à disparaître au début du siècle. On peut ainsi noter la bonne couverture du système Loran-C en Europe, la portée des émetteurs parfois supérieure à 1 000 kilomètres, ainsi que leur fiabilité. La précision fournie est de l'ordre de un mètre dans 95 % des cas.

Autre avantage du système Eurofix : il peut utiliser les informations provenant du système Loran-C en cas de mauvaise réception des signaux GPS ou lorsque la géométrie des satellites ne permet pas de déterminer une position avec précision. Les signaux du système Loran-C permettent alors de continuer à calculer la position avec une précision comprise entre 20 et 30 mètres pendant plusieurs heures. Le système eLoran, une version améliorée du Loran-C, permet aujourd'hui une précision de l'ordre de 10 mètres sans aucune réception GPS.

En attendant de posséder ses propres satellites de positionnement, l'Europe devrait bénéficier, grâce au système Eurofix, d'une autonomie suffisante vis-à-vis des États-Unis. Le retrait un peu précipité du système Loran-C pourrait être inconsidéré si le gouvernement des États-Unis décidait de cesser l'émission des signaux SPS ou simplement en cas de perturbation des signaux GPS.

Le Loran/Eurofix est rendu quasiment obligatoire pour les navires voulant disposer d'un système de positionnement de secours. Ce service ne nécessite pas d'abonnement, mais les récepteurs Eurofix sont peu courants. De plus, ce service pourrait être menacé à plus ou moins long terme après l'arrivée de Galileo.

## OmniSTAR

OmniSTAR est un réseau mondial de stations. Il analyse les signaux GPS en permanence. Trois stations de contrôle déterminent les corrections à apporter aux signaux des satellites en tous lieux. Les corrections sont transmises à l'aide de satellites géostationnaires offrant une couverture de l'ordre de 90 % des terres émergées, l'Europe étant elle-même entièrement couverte. Ce système nécessite un matériel spécial pour recevoir et décoder les signaux ainsi qu'un abonnement.

OmniSTAR offre trois niveaux de services fournissant une précision horizontale inférieure à un mètre pour le niveau VBS, de l'ordre de 15 centimètres pour le niveau XP et inférieure à 10 centimètres pour le niveau HP, et ceci pour 95 % des cas quel que soit le lieu. Ces services sont principalement destinés aux topographes, aux exploitations industrielles qui requièrent des relevés de terrains précis, aux exploitants agricoles ainsi qu'au guidage automatique de véhicules terrestres. Des antennes de réception miniatures permettent de disposer d'un matériel portable autorisant des relevés en milieu difficile d'accès. Il est également possible de recueillir les informations des satellites GPS et de les traiter par la suite, les informations de corrections étant disponibles pendant 24 heures. Ce système ne peut pas être utilisé en mer.

## SeaSTAR

Le système Fugro SeaSTAR émet les informations DGPS au moyen des satellites de communication Inmarsat. SeaSTAR couvre la quasi-totalité du globe. Les données de corrections proviennent de 60 stations de référence réparties sur la surface de la Terre. La réception des signaux nécessite un récepteur DGPS SeaSTAR pouvant être connecté à n'importe quel récepteur GPS qui accepte le format RTCM SC-104. Il existe également des récepteurs GPS comprenant un récepteur SeaSTAR intégré.

La précision du système peut atteindre une vingtaine de centimètres en horizontal et une trentaine en vertical, suivant le service utilisé ; la vitesse est donnée avec une précision supérieure à 0,05 nœud. Il est particulièrement destiné à la navigation maritime nécessitant une très grande précision ainsi qu'aux exploitations offshore.

## Veripos

Il s'agit d'un système de transmission de signaux DGPS destiné à la navigation maritime et aux exploitations offshore. Les signaux sont transmis par des satellites avec une couverture mondiale. Suivant le service utilisé, le système Veripos permet d'obtenir une position avec une précision de l'ordre d'une dizaine de centimètres et une vitesse d'une précision de l'ordre de 0,1 nœud. Les informations émises sont libres d'accès, mais nécessitent des récepteurs DGPS spéciaux, capables d'interpréter les signaux de corrections.

## StarFire

StarFire est un système de couverture mondiale de grande précision, développé par la société John Deere pour les besoins de l'agriculture. Les récepteurs emploient les fréquences L1 et L2 afin de calculer l'erreur introduite par l'ionosphère, ce qui permet de réduire considérablement le nombre de stations de contrôle au sol.

L'utilisation de deux fréquences en fait des récepteurs complexes et coûteux à fabriquer. Seuls les récepteurs GPS développés par la société John Deere servent pour ce service. Deux niveaux de services sont proposés : le niveau SF1 qui offre une précision de l'ordre de 30 centimètres et ne nécessite aucun abonnement, et le service SF2 qui offre une précision de l'ordre de 10 centimètres et exige un abonnement.

## StarFire RTK

Le système RTK (*Real Time Kinematic*) permet une précision de l'ordre de 2 centimètres, accessible sur toute la surface de la Terre grâce aux transmissions des informations de corrections DGPS par satellites. Le système RTK comprend une station de base locale qui pourra être fixe (par exemple placée sur un bâtiment pour les exploitations agricoles), ou temporaire (par exemple fixée sur un trépied pour des relevés topographiques). La station de base, après avoir été configurée, nécessite un étalonnage de 24 heures. Elle émet alors des informations de corrections dans un rayon de 20 kilomètres, zone dans laquelle un récepteur mobile GPS-RTK pourra fournir une précision de l'ordre de 2 centimètres, lorsque la station de base est en vue directe.

Les récepteurs et stations de base RTK StarFire sont commercialisés par la société John Deere.

## RTK Sat-Info

Le fonctionnement du système Sat-Info RTK est identique au système StarFire RTK, et nécessite une station de base et un récepteur mobile. Les informations de corrections sont cependant transmises à l'aide d'un réseau de téléphonie mobile ou par Internet.

Le système Sat-Info est disponible sur tout le territoire français avec une précision de l'ordre de 2 centimètres.

chapitre

6

# Cartographie

*« Qu'une bonne carte est chose merveilleuse, on y regarde le monde comme vu d'un autre monde grâce à l'art du dessin. »*
Samuel Van Hoogstraten.

Nous l'avons vu au chapitre 2, le récepteur GPS détermine une position dans l'espace par rapport au centre de la Terre, dans un système de coordonnées à trois dimensions, appelé ECEF (voir figure 2-8). Or, ce système n'est pas directement exploitable pour retrouver une position sur une carte. À cet effet, le récepteur doit transformer cette information dans un système connu de l'utilisateur, c'est-à-dire en longitude, latitude et altitude ou tout autre système lui permettant de se repérer. C'est ce qu'on appelle le système géodésique.

Il est cependant bien plus compliqué qu'il n'y paraît d'effectuer cette conversion, qui peut être source de nombreuses erreurs. Afin de bien comprendre à quoi correspond l'information de positionnement que nous fournit un récepteur GPS, il est important de définir au préalable le système géodésique.

# Systèmes géodésiques

Toute position terrestre est mesurée par rapport à des lignes imaginaires tracées sur la Terre, appelées longitudes et latitudes. Un système géodésique définit l'endroit précis où passent ces lignes imaginaires sur la Terre.

Autrefois, les relevés topographiques étaient effectués par chaque pays à partir d'observations astronomiques locales et de relevés terrestres. C'est pourquoi chaque pays ou région possède un système géodésique qui lui est propre et légèrement différent de celui des voisins.

La figure 6-1 montre une position définie dans un système géodésique. Les coordonnées en trois dimensions sont fournies par la longitude, la latitude et l'altitude.

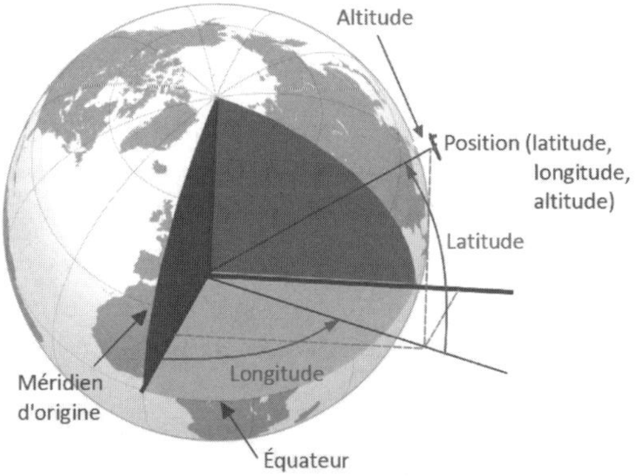


Figure 6-1 *Coordonnées géodésiques*

# Modèles géométriques terrestres

Pour définir les lignes de longitude et de latitude, il est important d'avoir un modèle précis de la Terre. Tout serait très simple si celle-ci était une sphère parfaite et si la gravité était identique partout. Or, la Terre ressemble plutôt à un ellipsoïde assez irrégulier et la gravité varie d'un lieu à un autre. Le niveau de la mer varie de près de deux cents mètres selon les endroits du globe.

## Ellipsoïde de référence terrestre

Depuis la Grèce antique, on pensait que la Terre était une sphère. Ce n'est que vers la fin du XVII$^{e}$ siècle que Newton et Huygens émettent l'opinion que notre planète est un ellipsoïde de révolution aplati. Ce n'est qu'en 1901, que Friedrich Helmert trouve des valeurs de paramètres de l'ellipsoïde remarquablement proches de la réalité.

Un ellipsoïde se définit par le demi-grand axe ou rayon équatorial, noté « `a` », et le demi-petit axe ou rayon polaire, noté « `b` » (voir figure 6-2). L'aplatissement de l'ellipsoïde, noté « `f` », est défini par la formule $f = (a-b)/a$. On utilise généralement les paramètres « `a` » et « `1/f` » pour définir un ellipsoïde.

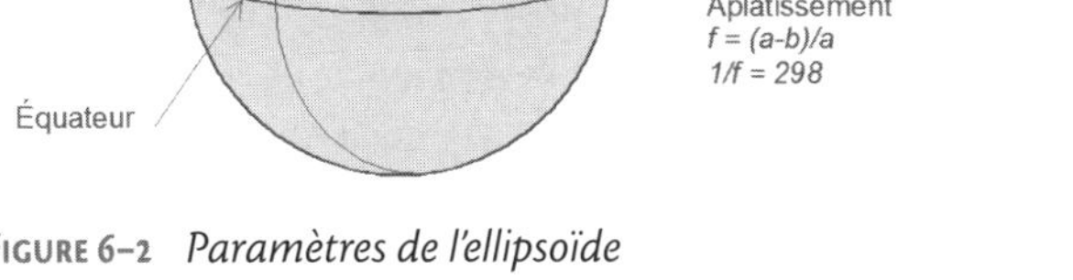


**Figure 6-2** *Paramètres de l'ellipsoïde*

Il est possible, à partir d'observations locales, de déterminer les paramètres « `a` » et « `1/f` ». Cependant, l'ellipsoïde ainsi défini n'est valable que localement car il dépend de phénomènes comme la variation locale de la gravité. Il existe donc de nombreux ellipsoïdes servant de référence aux divers systèmes géodésiques établis pour différentes régions. Le tableau de la figure 6-3 répertorie quelques-uns des ellipsoïdes de référence les plus utilisés dans les systèmes géodésiques.

Lorsque les satellites artificiels ont permis d'effectuer des mesures à l'échelle mondiale, il a fallu établir un ellipsoïde valable globalement, positionné par rapport au centre de gravité de la Terre. Les paramètres, d'abord définis par l'ellipsoïde WGS 72, ont ensuite été affinés pour définir l'ellipsoïde du système géodésique mondial WGS 84 (*World Geodetic System of 1984*), utilisé par le GPS.

| **Ellipsoïde** | **Demi-grand axe** *a (mètres)* | **Aplatissement** *1/f* |
|---|---|---|
| **Bessel 1841** | 6 377 397,155 | 299,152 812 8 |
| **Clarke 1866** | 6 378 206,4 | 294,978 698 2 |
| **Clarke 1880** | 6 378 249,145 | 293,466 021 |
| **Fischer 1968** | 6 378 150 | 298,3 |
| **GRS 80** | 6 378 137 | 298,257 222 101 |
| **International** | 6 378 388 | 297 |
| **WGS 72** | 6 378 135 | 298,26 |
| **WGS 84** | 6 378 137 | 298,257 223 563 |

FIGURE 6-3 *Ellipsoïdes de référence*

## Modélisation de la surface terrestre (géoïde)

Un ellipsoïde représente le niveau moyen de la mer en tous les points du globe. Or, on s'aperçoit que, dans la réalité, il existe des variations de niveaux assez importantes d'un lieu à l'autre. Ainsi, avec l'ellipsoïde WGS 84, le niveau de la mer à Brest se trouve à une centaine de mètres plus haut que le niveau de la mer de l'autre côté de l'Atlantique, à New York ; entre le sud de l'Inde et la Nouvelle-Guinée, le décalage est supérieur à 150 mètres. Ces différences de niveaux sont dues à des variations locales de la gravité, ainsi qu'à d'autres effets tels que la force centrifuge exercée par la rotation de la Terre. Ces variations sont modélisées à l'aide d'un géoïde.

Un géoïde indique le niveau moyen réel de toutes les mers et de tous les océans par rapport à l'ellipsoïde de référence (voir figure 6-4). Au milieu des terres, il représente le niveau que la mer aurait si l'on avait creusé un canal reliant ce point avec la mer.

De nombreux systèmes permettent de modéliser le géoïde de façon locale ou globale. Le GPS utilise le système géodésique WGS 84, qui définit le niveau moyen des mers pour chaque région du globe.

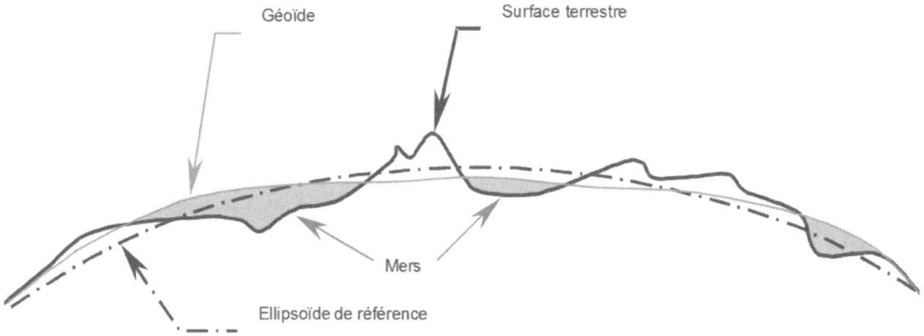


Figure 6-4 *Modélisation de la surface terrestre*

# Les différents systèmes géodésiques

Des centaines de systèmes géodésiques sont utilisés de par le monde. Depuis l'avènement du GPS, il a fallu les unifier pour n'en créer qu'un seul, utilisable en tous points du globe. Les positions données par le GPS sont donc référencées dans un système mondial, le système géodésique WGS 84.

En France, les cartes marines du SHOM publiées avant le 1er janvier 2001 sont définies dans le système géodésique européen compensé de 1950 (*European 1950* ou ED 50). Depuis 2001, les cartes du SHOM sont généralement éditées ou rééditées dans le système WGS 84.

Les cartes IGN utilisent les systèmes ED 50, WGS 84, ainsi que le système NTF (Nouvelle Triangulation de la France). Les cartes vectorielles numériques, quelle que soit leur provenance, sont aujourd'hui produites dans le système WGS 84.

Pour passer du système géodésique WGS 84 au système géodésique ED 50, il convient d'effectuer une correction, sinon il se produit une erreur d'environ 150 mètres sur la position. La correction à effectuer pour reporter un point relevé avec les systèmes WGS 84 sur une carte papier au système ED 50 est de 3,6 secondes vers le nord, soit environ 110 mètres partout en France, et de 5,1 secondes vers l'est à Brest, soit environ 100 mètres, ou 3,8 secondes vers l'est à Nice, soit environ 80 mètres.

La plupart des récepteurs GPS de poche permettent de travailler dans un système géodésique différent du système WGS 84. Avec ces GPS, il est possible d'utiliser le système ED 50, mais généralement pas directement le système NTF.

La figure 6-5 montre un exemple de carte marine papier au système ED 50 utilisée pour repérer la position d'un navire. Dans un premier temps, on se contente de reporter une position relevée avec un GPS au système WGS 84 directement sur cette carte. On trace ensuite autour de cette position un cercle de 30 mètres de rayon, qui figure la zone d'incertitude du GPS (à 95 %). On constate alors qu'il n'y a aucun danger situé dans cette zone (A). Seul un danger isolé est présent à environ 170 mètres au nord-est du navire. Cependant, la position réelle du bateau se situe à 150 mètres au nord-est. On constate alors que, en réalité, le danger isolé se situe dans la zone d'incertitude de la position réelle du navire (B).

> **ATTENTION**
>
> Avant d'utiliser une carte papier avec un GPS, il est indispensable de connaître le système géodésique (*Datum*) employé pour la carte, et de configurer le récepteur GPS avec ce même système géodésique.

Certains systèmes, tels que celui du Piton-des-Neiges de la Réunion, peuvent différer de plus de 1 500 mètres par rapport au système WGS 84. Cet écart est de 500 mètres pour le système Fort-Marigot utilisé pour les anciennes cartes de la Guadeloupe. Les navigateurs qui se servent de cartes avec un tel système géodésique doivent donc redoubler de prudence.

De nombreuses cartes sont encore réalisées à partir de relevés établis au début du XX$^{e}$ siècle. La précision de ces relevés, surtout lorsqu'il s'agit de dangers immergés, est souvent nettement moins bonne que celle qui est fournie par le GPS, même sans l'utilisation du système différentiel.

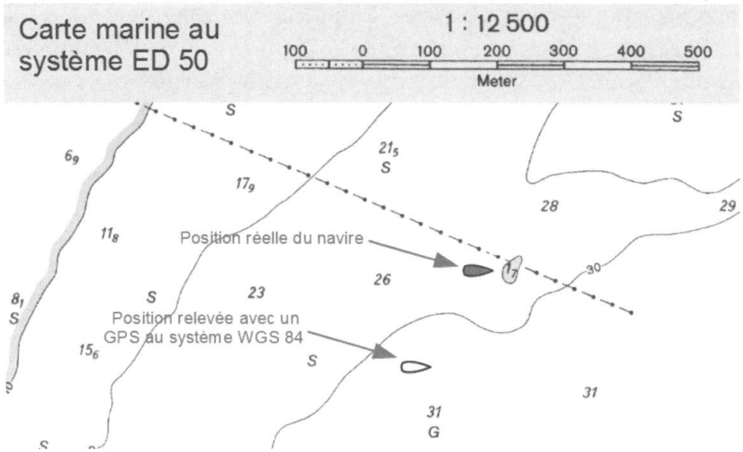


Figure 6-5 *Erreur de système géodésique*

**Attention**

Lorsque l'on utilise une carte papier où aucune mention du système géodésique utilisé ou des corrections à apporter n'est indiquée, l'emploi du GPS doit se faire avec la plus grande prudence.

## Conversions de systèmes géodésiques

Si le GPS travaille naturellement dans le système WGS 84, les récepteurs GPS de poche sont pour la plupart capables d'effectuer une conversion et d'afficher une position dans un système géodésique quelconque. Des tables de corrections comportant de nombreux systèmes géodésiques sont intégrées au récepteur et sont d'une précision satisfaisante, à condition que le bon système géodésique local soit sélectionné.

Bien qu'il soit généralement préférable de laisser le récepteur GPS effectuer cette conversion lui-même, il est cependant possible de réaliser manuellement une conversion d'un système à un autre. La plupart du temps, les cartes modernes indiquent des valeurs approchées pour convertir la longitude et la latitude. Les cartes du SHOM précisent comment passer du système WGS 84 au système ED 50. Les ingénieurs hydrographes du SHOM recommandent de laisser plutôt le GPS travailler en WGS 84 et d'utiliser les corrections indiquées sur ces cartes. Cette façon d'utiliser le GPS, si elle ne pose pas de problème par temps calme et apporte une meilleure précision, risque d'être source d'erreur dans l'affolement d'une tempête qui s'annonce.

La conversion exacte d'un système géodésique à un autre système est assez complexe. Une conversion complète, c'est-à-dire à des valeurs non approchées, nécessite sept paramètres : trois paramètres de translation, trois de rotation et un facteur d'échelle.

| **Systèmes géodésiques** | **Ellipsoïde de référence** | **DX** | **DY** *mètres* | **DZ** |
|---|---|---|---|---|
| European 1950 | International | -87 | -98 | -121 |
| European 1979 | International | -86 | -98 | -119 |
| North American Datum 1927 | Clarke 1866 | -8 | 160 | 176 |
| North American Datum 1983 | GRS 80 | 0 | 0 | 0 |
| NTF | Clarke 1880 | -168 | -60 | 320 |
| Système géodésique 1949 | International | 84 | -22 | 209 |
| World Geodetic System 1972 | WGS 72 | 0 | 0 | -4,5 |
| World Geodetic System 1984 | WGS 84 | 0 | 0 | 0 |

FIGURE 6–6 *Paramètres des systèmes géodésiques les plus courants*

Le tableau ci-dessus répertorie quelques-uns des paramètres utilisés par le GPS pour la conversion de systèmes géodésiques courants. Certains systèmes n'utilisant pas le méridien de Greenwich comme origine nécessitent également un décalage de la longitude. Ainsi, le système NTF, qui se sert du méridien de Paris comme origine, doit être décalé de 2° 20' et 14,025" vers l'ouest pour passer au système WGS 84.

Il est intéressant de noter que les paramètres de translation de systèmes géodésiques ont généralement des valeurs moyennes, qui varient suivant le lieu, notamment lorsque l'on s'écarte du centre de la zone considérée. Ceci explique que ces valeurs puissent être légèrement différentes suivant les récepteurs ou les documents. Les paramètres DX, DY et DZ peuvent également être désignés par TX, TY et TZ ; les paramètres de translation de l'ellipsoïde sont notés soit DA et DF, soit TA et TF.

Les récepteurs GPS n'utilisent généralement que ces 5 paramètres pour les calculs de translation de système géodésique, ce qui peut expliquer quelques imprécisions lorsque l'on passe du système WGS 84 à un autre système. Les récepteurs GPS mémorisent ces paramètres dans une table sélectionnable à l'aide d'un menu. Certains récepteurs permettent de définir un système géodésique propre à l'utilisateur en entrant manuellement les 5 paramètres de translation. Un tableau en annexe de ce livre vous donne la liste des principaux systèmes géodésiques utilisés dans le monde.

# Coordonnées

Une fois la position géographique définie dans un système géodésique, il est nécessaire de représenter ces coordonnées dans un système cohérent pour l'utilisateur. Si la latitude et la longitude sont les coordonnées généralement les plus connues et les plus utilisées, il existe d'autres possibilités pour représenter une position géographique.

## Latitude et longitude

La latitude est la position nord-sud mesurée par rapport à l'équateur. L'homme a très rapidement appris à mesurer une latitude, puisque sa valeur peut être directement déterminée à partir de l'observation de la hauteur des astres par rapport à l'horizon. La latitude est indiquée en degrés par rapport à l'équateur. Une minute d'arc de latitude (1/60$^{e}$ de degré de latitude) mesure un mille marin[1] soit environ 1 852 mètres.

La longitude correspond à la position est-ouest mesurée par rapport à un méridien (voir figure 6-7). Contrairement à l'équateur, qui possède une signification physique, il n'existe pas de méridien doté d'une qualité remarquable. Un méridien d'origine a donc été défini de façon arbitraire, en l'occurrence le méridien de Greenwich, car c'est à partir d'observations astronomiques effectuées à l'observatoire de Greenwich que l'on a établi les premières tables destinées à calculer une longitude.

1. Une minute d'arc de latitude mesure 1 852 m à une latitude de 45° ; à l'équateur, elle mesure 1 843 m, et environ 1 862 m aux pôles.

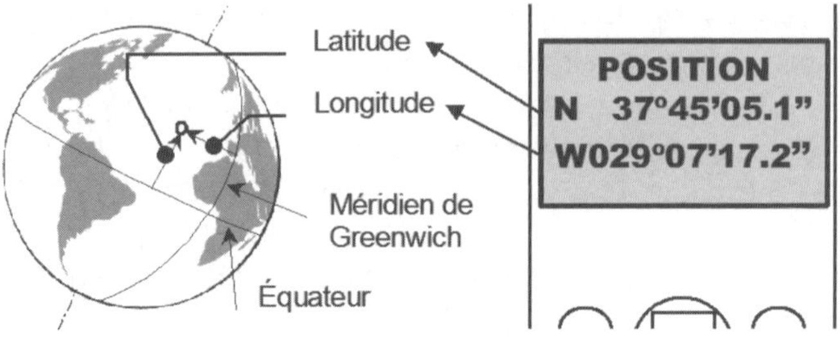


FIGURE 6-7 *Coordonnées latitude et longitude*

D'autres méridiens peuvent également être employés pour définir la longitude. Ainsi, le système NTF utilisé par les cartes de l'IGN, définit le méridien de Paris comme origine.

La latitude et la longitude sont mesurées en angles. On utilise généralement les degrés pour mesurer ces angles, quoique le grade soit également employé.

Les récepteurs GPS permettent le plus souvent de choisir entre différents affichages de coordonnées. Il est possible d'afficher les degrés, les minutes et les secondes. Au lieu des secondes, des fractions de minutes peuvent être affichées et au lieu des minutes et des secondes, il est possible d'afficher des fractions de degrés. La figure 6-8 représente les mêmes coordonnées avec des affichages différents.

Le système de coordonnées en latitude et longitude, s'il est efficace pour la navigation maritime ou aérienne, est très peu pratique pour la navigation terrestre lorsque l'on utilise des mesures en kilomètres. Le principal défaut de ce système est le suivant : la distance d'un degré de longitude n'est pas constante, mais varie suivant la latitude.

| | |
|---|---|
| **N 37°45'05.1"**<br>**W029°07'17.2"** | Degrés, minutes et secondes |
| **N 37°45.085'**<br>**W029°07.287'** | Degrés, minutes et fractions de minutes |
| **N 37.75142°**<br>**W029.12144°** | Degrés et fractions de degrés |

FIGURE 6-8 *Affichage des coordonnées latitude et longitude*

## Le système UTM

Afin de corriger les problèmes liés à l'utilisation des cordonnées en degrés, l'armée américaine a développé un système de cartographie. Il utilise la projection transversale de Mercator afin de minimiser les déformations dues à la projection et est appelé système UTM (*Universal Transverse Mercator*).

Le système UTM est aujourd'hui largement répandu en cartographie car il possède de nombreux avantages. Il permet entre autres de s'affranchir de la variation de la longitude suivant la latitude.

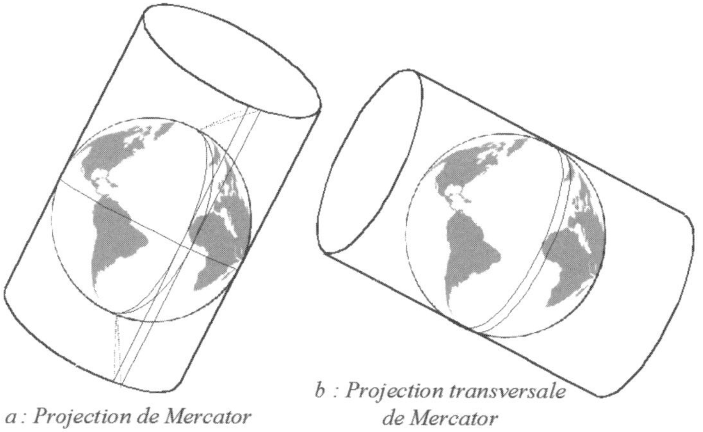


FIGURE 6-9 *Projections de Mercator*

Dans la projection de Mercator, les méridiens et parallèles sont représentés par des droites qui se coupent à angles droits. La projection se fait à partir du centre de la Terre, sur un cylindre tangent à l'équateur[2] (voir figure 6-9a). Elle est la plus utilisée pour les cartes marines, car elle conserve bien les angles : les lignes droites sont des lignes d'azimut constant. Elle maintient également assez bien les distances inférieures à 500 kilomètres pour les latitudes inférieures à 60°. Aux latitudes élevées, près des pôles, les distances sont fortement déformées.

2. Cette projection géométrique n'est valable que pour les méridiens, l'écartement des parallèles étant conventionnel (latitudes croissantes).

Le mathématicien Carl Friedrich Gauss a perfectionné la projection de Mercator en en modifiant les formules, et ce afin de rendre la projection parfaitement conforme (les déformations dues à la projection sont insignifiantes). On utilise également la projection Mercator-Gauss de façon transversale. Le cylindre sur lequel s'effectue la projection n'est plus tangent à l'équateur mais à un méridien (voir figure 6-9b). La projection ainsi obtenue est d'une très grande précision de part et d'autre de ce méridien. On parle alors de projection transversale de Mercator.

Une bande, appelée fuseau et passant par les deux pôles, est ainsi définie. Dans le système UTM, la terre est découpée en 60 fuseaux de 6° chacun. Les fuseaux sont numérotés de 01 à 60, d'ouest en est, en partant du méridien de changement de date (longitude - 180°).

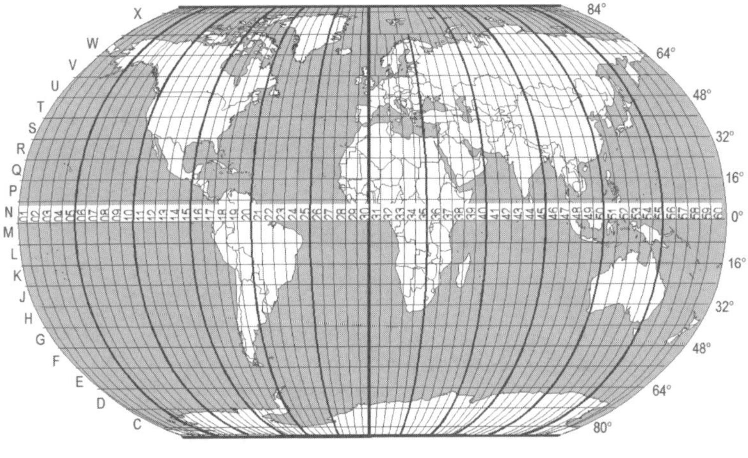


FIGURE 6-10 *Système UTM*

À l'intérieur d'une zone UTM, les coordonnées sont définies en mètres. La longitude est déterminée par rapport au méridien central du fuseau, lequel reçoit le repère 500 000 (voir figure 6-11). La latitude est mesurée en mètres par rapport à l'équateur. Pour les zones situées au sud de l'équateur, il faut ajouter 10 000 kilomètres à la valeur de la latitude.

Les fuseaux sont divisés en 20 bandes de 8°, s'étendant depuis le parallèle 80° sud jusqu'au parallèle de 84° nord. Chacune de ces bandes est désignée par une lettre (voir figure 6-10). Ainsi, chaque zone UTM est représentée par un numéro et une lettre. La France est couverte par les zones 30U, 31U et 32U pour le nord, et 30T, 31T et 32T pour le centre et le sud (voir figure 6-13). Il existe donc en théorie 600 zones UTM différentes. Cependant, pour des raisons pratiques, trois ont été supprimées : il s'agit des zones 32X, 34X et 36X.

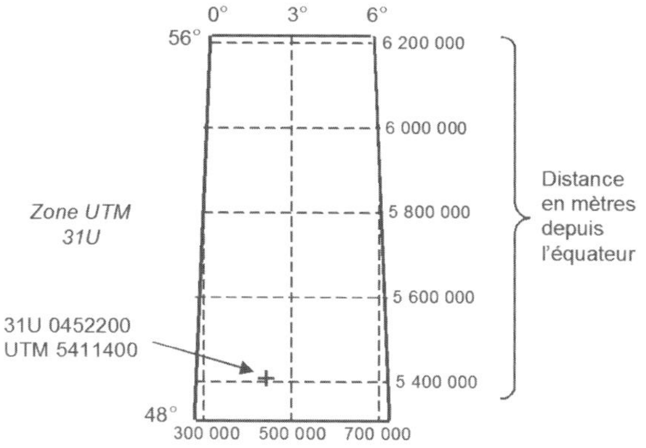


FIGURE 6-11 *Exemple de zone UTM*

Les coordonnées UTM de Paris sont : 31U 0452200 5411400 (voir figure 6-12). Montréal a pour coordonnées UTM : 18T 0612000 5041000. Il est facile de comparer la distance séparant les latitudes de deux coordonnées : Montréal se situe à 370 kilomètres (5 411 - 5 041 = 370) plus au sud que Paris. Il n'est en revanche pas possible de comparer les longitudes de cordonnées situées dans des fuseaux UTM différents.

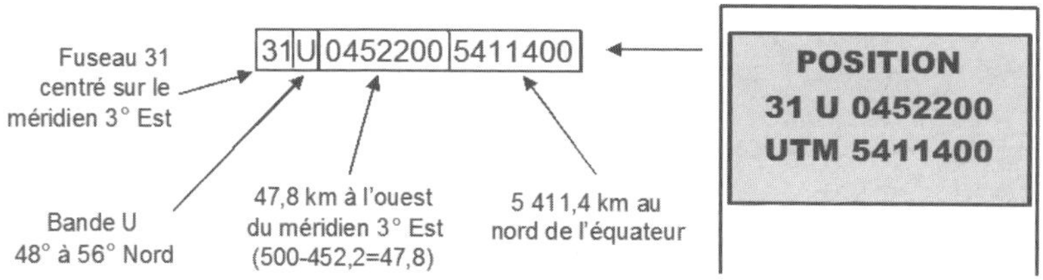


FIGURE 6-12 *Coordonnées UTM de Paris*

Quelques zones ne respectent pas ce découpage régulier. La bande X au-dessus de 72° de latitude nord est la seule à couvrir 14° de latitude. Les zones au nord de l'Europe, situées entre 0° et 42° de longitude est, dans la bande X, ne respectent pas le découpage normal (31X à 37X). Les zones 31V et 32V, situées dans la mer du Nord, sont également différentes des autres zones.

De nombreux récepteurs GPS autorisent l'affichage des coordonnées au format UTM. Cet affichage est plus facile à utiliser pour les cartes terrestres qui possèdent souvent un carroyage UTM. La figure 6-13 représente les zones UTM de la France.

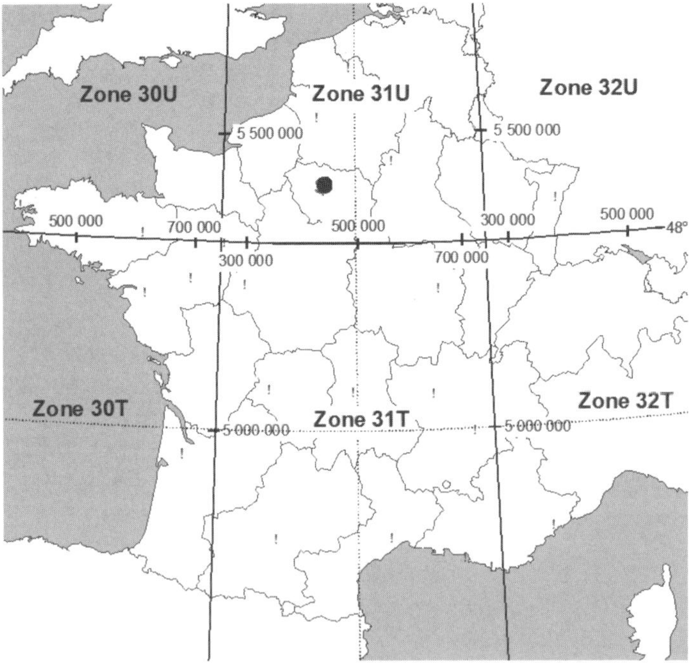


FIGURE 6-13 *Zones UTM de la France*

Il est important de noter que les coordonnées UTM sont toujours dépendantes du système géodésique utilisé.

> **Attention**
>
> Lorsque l'affichage UTM est sélectionné, il ne faut pas oublier de choisir également le système géodésique utilisé par la carte.

Les régions polaires ne sont pas représentées par le système UTM. Il est nécessaire, pour ces zones s'étendant au nord du 84$^{e}$ parallèle nord ou au sud du 80$^{e}$ parallèle sud, d'utiliser le système UPS (*Universal Polar Stereographic*).

## Les cartes IGN

Les cartes papier IGN Série Bleue et TOP 25, à l'échelle 1:25 000, remplacent les anciennes cartes d'état-major françaises. Il en existe 1 650 pour couvrir l'ensemble du territoire français. Elles sont à utiliser de préférence pour tout positionnement terrestre à l'aide d'un GPS.

Jusqu'au 1$^{er}$ mars 1999, les cartes IGN ne se fondaient pas sur le système géodésique WGS 84, mais sur le système ED 50. Depuis cette date, les cartes Série Bleue et TOP 25 éditées par l'IGN possèdent un quadrillage UTM référé au système WGS 84. Elles sont reconnaissables à la mention « Compatible GPS » imprimée sur leur couverture et qui indique que ces cartes sont facilement utilisables avec un GPS.

Les cartes IGN affichent dans un cadre les coordonnées de différents systèmes et formats. Tous les chiffres du cadre des cartes IGN TOP 25 correspondent au système WGS 84 (ED 50 pour les anciennes cartes), lorsqu'ils sont situés vers l'extérieur, et au système NTF lorsqu'ils sont situés vers l'intérieur du cadre.

Les cartes IGN TOP 25 présentent un quadrillage UTM en bleu ainsi que, dans le cadre, vers l'extérieur, des chiffres bleus avec la mention « GPS » toutes les dizaines de kilomètres. Toujours vers l'extérieur, ces cartes affichent la latitude et la longitude en degrés, rapportées au système WGS 84. Tous les récepteurs GPS de poche à vocation terrestre sont capables d'exploiter les systèmes d'affichage des coordonnées en degrés et le système UTM.

Vers l'intérieur du cadre, les latitudes et les longitudes sont affichées en grades, rapportées au système français NTF. Tous les dixièmes de grade, un quadrillage en noir est tracé sur la carte. Les amorces de quadrillage kilométrique Lambert de la zone I, II, III ou IV figurent également en noir. Certains récepteurs GPS sont aujourd'hui capables d'exploiter le quadrillage Lambert.

**Signification de la légende des cartes IGN**

- système géodésique européen unifié →ED 50 (Européen 1950)
- système géodésique français →NTF
- système géodésique mondial →WGS 84

## Utilisation des cartes IGN avec le système UTM

Le quadrillage UTM délimite des carrés de 4 centimètres de côté, représentant sur le terrain une surface de un kilomètre carré. La lecture des coordonnées UTM est assez simple si l'on utilise une règle graduée avec une échelle 1:25 000. Les boussoles de poche avec réglette possèdent généralement ce type de graduation. La figure 6-14 montre un exemple d'utilisation du système UTM avec le GPS.

ATTENTION

Avant de se servir d'un récepteur GPS avec le système UTM, il ne faut pas oublier de sélectionner le système géodésique utilisé par la carte : WGS 84 pour une carte TOP 25 « compatible GPS » ou ED 50 pour une carte plus ancienne.

Pour reporter les coordonnées UTM indiquées par un récepteur GPS sur une carte, on procède de la façon suivante.

1 On vérifie tout d'abord que le numéro de fuseau indiqué par le récepteur correspond au fuseau UTM de la carte, 32 dans l'exemple de la figure 6-14. Le fuseau est indiqué dans la légende de la carte, par exemple « ... *les chiffraisons bleues en italique en regard du quadrillage kilométrique sont des coordonnées Mercator Transverse Universel fuseau 32* ».

2 Le nombre suivant affiché par le récepteur est la longitude au format UTM. Les valeurs sont généralement affichées en mètres, mais elles peuvent également l'être en dizaines de mètres suivant le récepteur GPS. Les quatre premiers chiffres du premier nombre indiquent la ligne UTM verticale correspondant au nombre de kilomètres de la longitude, 0332 dans notre exemple.

3 Après avoir repéré la ligne verticale 332, on prend la partie restante en mètres du premier chiffre, 625 dans notre exemple. On reporte alors cette valeur à l'aide de la règle au 1:25 000 en partant de la ligne UTM verticale et en se dirigeant vers la droite. On obtient ainsi la longitude UTM du point affiché par le récepteur GPS.

4 On procède de la même façon pour trouver la latitude sur la carte, en sachant qu'après avoir trouvé la ligne UTM horizontale, il faut toujours se déplacer vers le haut pour obtenir la position du point sur la carte.

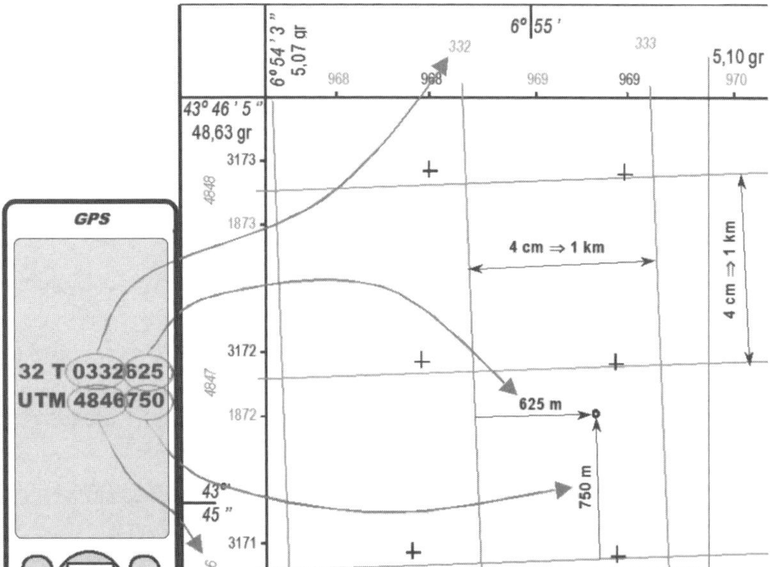


Figure 6–14 *Utilisation du système UTM sur une carte au 1:25 000*

Pour lire les coordonnées d'un point identifié sur une carte papier TOP 25, il suffit de relever la valeur kilométrique de la ligne UTM verticale immédiatement à gauche du point relevé. Il convient ensuite de mesurer avec une règle graduée au 1:25 000 la distance en mètres entre le point et la ligne UTM de gauche. On assemble les deux chiffres ainsi obtenus afin de déterminer la valeur UTM de la longitude en mètres, 332 625 dans notre exemple. On procède de la même façon avec la ligne UTM horizontale située au-dessous du point, pour obtenir la valeur UTM de la latitude en mètres, 4 846 750 dans notre exemple. Les coordonnées pourront ensuite être mémorisées dans le récepteur GPS ; il ne faut pas oublier d'indiquer le fuseau UTM, 32 dans notre exemple. La bande UTM n'est généralement pas indispensable lorsque l'on entre une position dans le récepteur GPS : à partir de la latitude UTM 4 846 750, le récepteur déduira automatiquement qu'il s'agit de la bande T.

# Les cartes marines du SHOM

En France, tous les relevés hydrographiques sont effectués par le SHOM (Service Hydrographique et Océanographique de la Marine). C'est également le SHOM qui édite la plupart des cartes marines en France. Toutefois, d'autres éditeurs ont été autorisés à établir leurs propres cartes à partir de celles du SHOM ; c'est le cas des cartes marines *Navicarte.*

En Europe, les cartes marines du SHOM utilisent le système géodésique WGS 84 pour toutes les publications depuis le 1$^{er}$ janvier 2001. Avant cette date, toutes les cartes utilisaient le système géodésique européen compensé de 1950 (European 1950 ou ED 50). Les cartes éditées entre 1984 et 2000 indiquent, dans la légende, les corrections pour passer du système WGS 84 au système ED 50, par exemple :

*Positionnement par satellites : les positions obtenues au moyen de systèmes de navigation par satellites rapportées au système géodésique mondial (WGS 84) doivent être corrigées de 0,06° vers le Nord et de 0,06° vers l'Est pour être en accord avec cette carte.*

Il est important de noter que la correction indiquée dans ce cas ne s'applique que lorsque l'on relève une position au GPS pour la reporter sur une carte au système ED 50. Lorsque l'on relève une position sur la carte et que l'on désire entrer les coordonnées relevées dans un récepteur GPS au système WGS 84, les corrections doivent être effectuées en sens inverse, soit, pour l'exemple précédent, respectivement 0,06° vers le sud et 0,06° vers l'ouest. La valeur des corrections à apporter varie suivant le lieu, il est donc important de bien lire la légende de la carte que l'on utilise pour procéder aux corrections.

Les ingénieurs hydrographes du SHOM recommandent les corrections manuelles indiquées sur les cartes, surtout lorsque l'on se situe dans des zones périphériques européennes. Cette méthode, généralement plus précise, peut conduire à de graves erreurs si l'on ne prend pas garde au sens des corrections. À l'aide du récepteur GPS, en passant d'un système géodésique à un autre, il est possible de vérifier si la correction de la position effectuée par le récepteur est en accord avec les indications de la carte. Dans ce cas, laissez le récepteur GPS effectuer les conversions lui-même, chaque fois que vous utilisez cette carte. Si la différence est significative, il est préférable de suivre les recommandations du SHOM et de corriger manuellement. Certains récepteurs GPS possèdent une fonction permettant d'entrer ces valeurs de corrections et d'afficher ainsi directement la position indiquée par la carte. Il ne faut cependant pas oublier de modifier ces valeurs chaque fois que l'on utilise une autre carte.

> ATTENTION
>
> Les cartes marines françaises antérieures à 1960 présentent parfois, par rapport au système WGS 84, un écart pouvant aller jusqu'à 300 mètres. L'emploi du GPS, et plus particulièrement du GPS différentiel, avec des cartes marines aux relevés hydrographiques antérieurs à cette date et plus particulièrement antérieurs à 1950, doit se faire avec la plus grande prudence.

Avant 1960, les îles et les hauts-fonds, lorsqu'ils étaient en vue des terres, ont été relevés avec une précision de l'ordre de 100 mètres. Cette erreur peut atteindre 300 mètres lorsqu'ils n'étaient pas en vue des terres. Avec ces anciennes cartes, le SHOM recommande même de renoncer au GPS et de naviguer par rapport aux amers relevés au compas ou au radar et de reporter la position sur la carte.

## Utilisation des cartes du SHOM avec les coordonnées en degrés

Les cartes du SHOM sont naturellement tracées pour être utilisées avec les coordonnées en degrés. Elles possèdent une échelle graduée en minutes et en dixièmes de minute (voir figure 6-15). Attention cependant aux anciennes cartes marines qui sont graduées en degrés, minutes et secondes ! Les cartes du SHOM au 1:50 000 possèdent un quadrillage espacé de 5 minutes.

Lorsque l'on utilise une carte dont l'échelle est en dixièmes de minute, il est préférable de sélectionner l'affichage du récepteur GPS en degrés, minutes et centièmes de minute plutôt qu'en degrés, minutes et secondes. Les cartes *Navicarte* possèdent généralement une échelle sexagésimale et une échelle décimale, qui rendent possibles les deux types d'affichage.

> ATTENTION
>
> Lors de l'utilisation de coordonnées en degrés, une erreur courante consiste à confondre l'affichage entre le système décimal et le système sexagésimal. Avant d'utiliser un récepteur GPS pour la première fois, ou si celui-ci a pu être modifié par une autre personne, il est important de vérifier si l'affichage se fait en degrés, minutes et secondes (par exemple : 38° 45′ 57″) ou en degrés, minutes et centièmes de minutes (par exemple : 38° 45.57′). Selon les cas, l'erreur atteint parfois 1 000 mètres.

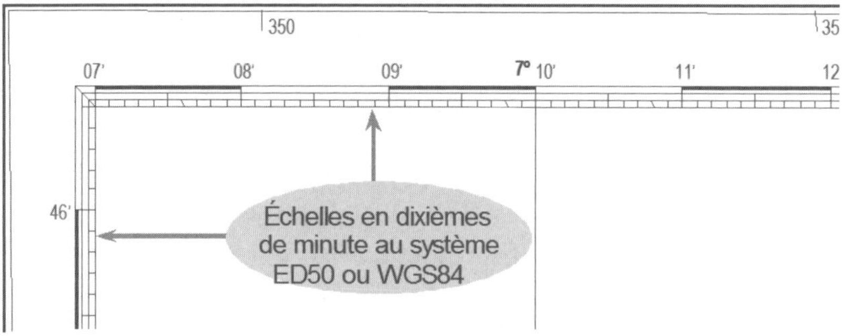


FIGURE 6-15 *Échelles figurant sur les cartes du SHOM*

# Utilisation de cartes étrangères

Avant que le GPS ne s'impose comme un outil universel, une position géographique était généralement relevée grâce à des observations locales. Dans des conditions optimales, une précision de plusieurs centaines de mètres était souvent obtenue. Le système géodésique qui avait servi à lever une carte, n'avait alors que peu d'importance sur le résultat obtenu et n'était que rarement mentionné sur la carte.

Depuis l'avènement du GPS, il est crucial de savoir quel système géodésique a été utilisé pour établir une carte et y reporter une position. En effet, le GPS ne tient aucun compte des variations locales et certains systèmes géodésiques présentent des différences pouvant dépasser 1 000 mètres par rapport au système WGS 84. En annexe, vous trouverez une liste des systèmes géodésiques couramment utilisés dans de nombreuses régions du monde. Les corrections indiquées pourront servir pour configurer le récepteur GPS – si celui-ci le permet – dans un système propre à l'utilisateur.

En présence d'une carte dont le système géodésique est inconnu, on identifiera dans la table présentée en annexe celui utilisé dans le pays concerné. Si l'on se trouve déjà dans la région couverte par la carte, on cherchera un lieu facilement identifiable sur la carte et sur le terrain. Après avoir sélectionné le système géodésique adéquat ou entré les corrections indiquées par la table de translation des datums, on vérifiera que les indications du GPS sont en concordance avec les observations locales. Si plusieurs systèmes géodésiques sont utilisés dans la région, on cherchera celui donnant la plus faible erreur.

> **Attention**
>
> En présence d'un système géodésique couvrant de nombreux pays, comme le système European 1950, il est généralement préférable d'utiliser les corrections indiquées par la table en annexe pour la région couverte par la carte, plutôt que de sélectionner simplement le datum du récepteur, qui fournit par défaut des valeurs de correction moyennes.

On considère généralement que les cartes papier au-delà d'une échelle de 1:200 000 peuvent être utilisées avec un GPS sans tenir compte du système géodésique, l'erreur n'étant pas vraiment significative comparée à la précision des cartes. Cependant, des systèmes tels que celui du Piton-des-

Neiges de la Réunion peuvent différer de plus de 1 500 mètres par rapport au système WGS 84, ce qui représente tout de même une erreur de 5 millimètres sur une carte à l'échelle 1:300 000.

Lorsqu'il n'est pas possible de se rendre sur les lieux pour vérifier le système utilisé par la carte, par exemple lors d'un abordage en bateau après une traversée, il faut redoubler de prudence. Outre les différences introduites par le système géodésique, d'importantes erreurs peuvent être observées sur des cartes dont les relevés ont été effectués avant le milieu du XX$^{e}$ siècle. C'est ainsi que certaines cartes maritimes du Pacifique sud sont dites présenter des erreurs atteignant 7 milles marins.

# Cartographie numérique

La cartographie numérique, ou cartographie électronique, a révolutionné la façon d'utiliser les cartes. Lorsque l'on a goûté à la simplicité et la fiabilité d'utilisation de ce genre de cartes, il devient alors difficile de retourner aux cartes papier. La cartographie numérique a obtenu ses lettres de noblesse en France lorsqu'en 2004 les Affaires Maritimes ont autorisé les plaisanciers à disposer à leur bord d'équivalents électroniques officielles au lieu des traditionnelles cartes papier.

## Les différentes catégories de cartes

Il existe deux catégories de cartes numériques : les cartes matricielles et les cartes vectorielles. Si ces dernières sont aujourd'hui le plus utilisées, elles présentent chacune leurs avantages et inconvénients.

### Cartes matricielles

Les cartes matricielles, ainsi nommées car elles sont définies par une matrice de pixels de différentes couleurs à l'instar des photos numériques, appelées également bitmap ou *raster*, sont généralement créées à partir de cartes papier numérisées et sont donc la représentation fidèle de la carte originale.

Non sans défauts, les cartes matricielles présentent cependant un intérêt certain. En effet, elles sont aujourd'hui disponibles en grand nombre sur le Web, où il existe d'importantes bibliothèques permettant des utilisations spécifiques. Les zones terrestres couvertes par ces cartes sont également très nombreuses.

De plus, il est facile de produire des cartes matricielles à partir de cartes papier numérisées et, après les avoir calibrées, c'est-à-dire après avoir défini les lignes de latitude et de longitude, de les utiliser avec un GPS. Il est ainsi possible de géoréférencer ou de calibrer des cartes papier, des images satellite, des plans, etc., pour un usage spécifique sur le terrain (archéologie, géologie, cadastre...).

Le principal défaut de ces cartes est de très mal supporter le changement d'échelle : la taille du texte dépend de l'échelle sélectionnée. Il est difficile d'y inclure beaucoup d'informations sans trop surcharger le support et sans en dégrader la lisibilité. Les cartes matricielles présentent également un effet de pixellisation à un niveau de zoom important, avec une perte notable de qualité. Ce type de carte tend à disparaître au profit des cartes vectorielles.

## Cartes vectorielles

Les cartes vectorielles ont été dessinées sur ordinateur à partir de cartes papier ou bien directement à partir de relevés, non pas sous forme de pixels comme les cartes matricielles, mais sous forme de vecteurs. Elles sont beaucoup plus intéressantes que les cartes matricielles, car elles sont susceptibles de contenir une quantité quasi illimitée d'informations, tout en permettant de n'afficher que les informations désirées, évitant ainsi de surcharger inutilement le graphique et permettant de changer d'échelle à volonté.

> **Attention**
>
> La qualité de l'affichage peut donner une impression erronée de la précision réelle, il ne faut donc pas oublier qu'il y a danger à agrandir à volonté l'échelle de la carte. En effet, les règles les plus élémentaires ne sont alors plus respectées (voir la fameuse « règle du pouce » bien connue des marins).

Outre le zoom à volonté avec une netteté constante, les cartes vectorielles présentent l'avantage de choisir le rendu visuel pour l'application visée (3D routier, marine, randonnée...) avec masquage des informations peu utiles à l'activité en cours. Elles permettent également d'effectuer des recherches de noms ou de points d'intérêts, ou de déclencher une alarme en fonction d'informations présentes sur la carte.

Les cartes vectorielles présentent peu d'inconvénients, cependant celles issues de cartes papier nécessitent un long travail de conversion avec des risques d'erreurs. De plus, il ne faut pas oublier que ces cartes offrent la même précision que les cartes papier dont elles sont issues. Le niveau de zoom affiché ne reflète pas toujours la précision de la carte.

Enfin, ce qu'il faudra également retenir, c'est que les cartes vectorielles ont un avantage considérable, celui de pouvoir être routables.

### Les cartes routables

Une carte dite routable est une carte vectorielle contenant des informations pour calculer les itinéraires et le guidage. Elle est basée sur un réseau de nœuds, chaque nœud pouvant constituer un embranchement. Les fichiers des cartes vectorielles routables contiennent une liste des routes reliant chacun des nœuds, ce qui permet aux algorithmes de routage de calculer un itinéraire optimal.

Les autres informations nécessaires au routage sont le type de voies, le sens de circulation et toutes autres restrictions ou indications comme les voies interdites à la circulation, les routes à péages, les limitations de vitesse ou les voies privées. Tous les PND utilisent des cartes routables.

## Précision des cartes

Les cartes, qu'elles soient de type papier ou électronique, sont généralement moins précises que le GPS WAAS/Egnos, et il faudra de nombreuses années pour reprendre tous les relevés topographiques et hydrographiques avec des systèmes de positionnement modernes. Même les cartes récentes peuvent présenter des écarts de plusieurs dizaines de mètres par rapport à la réalité.

La précision des cartes papier est souvent comprise entre 0,5 millimètre pour les cartes américaines de l'USGS (*US Geological Survey*) et 0,1 millimètre pour les cartes françaises de l'IGN. Une carte papier au 1:25 000 de l'IGN présente donc une précision de 2,5 mètres sur le terrain. Une carte vectorielle numérisée à partir d'une carte de l'IGN au 1:25 000 offrira donc toujours une précision de 2,5 mètres, quel que soit le facteur de zoom utilisé.

> **Attention**
>
> Le navigateur ne doit pas se fier imprudemment à l'excellente qualité que lui fournit son système de navigation et doit toujours garder à l'esprit que sa carte est probablement moins précise que son GPS.

## Utilisations des différentes cartes numériques

Chaque carte électronique est adaptée pour une utilisation donnée. Les plus courantes sont celles pour la navigation routière, la navigation maritime ou la randonnée. Elles peuvent être fournies sur différents supports comme des CD-Rom, des DVD-Rom, des cartes mémoire de type SD, des supports propriétaires comme des cartouches ou bien déjà pré-installées dans le récepteur GPS. Il est également possible de télécharger des cartes depuis Internet. Certains récepteurs ou logiciels permettent également de télécharger seulement la portion de zone géographique où l'on se trouve au fur et à mesure de son déplacement à l'aide d'une connexion 3G.

Les cartes électroniques sont aujourd'hui moins chères, plus simples et plus rapides à utiliser que leurs équivalents papier. De plus, il est beaucoup plus facile de se procurer de nouvelles cartes ou de les maintenir à jour, d'où une plus grande fiabilité.

Il est cependant toujours important de garder à l'esprit que ce genre de cartes souffre d'un grave défaut : il est indispensable d'avoir un lecteur de cartes, un ordinateur ou tout autre appareil électronique pour les afficher et les utiliser. Ces appareils sont sujets à des pannes ou des défauts surtout en milieu marin. Toutefois, le problème majeur avec ce genre de carte est que l'on cesse de réfléchir. Une carte peut présenter des erreurs ou tout simplement ne plus être à jour et il ne manque pas d'exemples, parfois tragiques, où le pilote s'était fié plus à son système de navigation qu'à ce qu'il voyait.

> **Attention**
>
> La cartographie électronique restera toujours une aide à la décision et ne doit pas décider pour vous. Il faut toujours faire appel à votre bon sens lorsque ce que vous voyez sur le terrain ne correspond pas à ce qui est affiché sur votre système de navigation.

## Cartes routières

Les cartes de navigation routière sont généralement des cartes vectorielles routables. Elles sont surtout utilisées par les PND et quelques GPS de poche ou smartphones. Les principaux éditeurs de cartes routières sont *Navteq* et *TeleAtlas*, offrant une cartographie très détaillée et couvrant une grande partie du monde. Ces cartes sont régulièrement mises à jour. Il existe également des cartes gratuites, comme Google Maps, utilisables avec un smartphone, et d'autres libres de droits, comme OpenStreetMap, que l'on peut charger moyennant quelques manipulations dans son GPS.

Outre les routes, les cartes routières renferment une quantité impressionnante d'informations (limitations de vitesse, numéros des rues, limites administratives, voies ferrées, rivières, etc.) et de points d'intérêts ou POI (*Point of Interest*) (restaurants, hôtels, services administratifs, banques, stations-service, parkings, radars fixes, etc.).

Elles sont généralement affichées en mode 3D, pour une utilisation plus conviviale lors de déplacements en véhicule. En fonction du PND, il est également possible d'employer ces cartes pour un déplacement urbain à pied, avec un mode d'affichage plus adapté que le mode 3D pour véhicule.

Pour reporter des mises à jour, des erreurs ou toute autre correction, vous pouvez contacter les éditeurs à l'aide des sites web suivants. Il ne faut cependant pas s'attendre à une mise à jour rapide des corrections suggérées.

- http://mapreporter.navteq.com
- http://mapinsight.teleatlas.com/mapfeedback/

## Cartes topographiques et de randonnée

Les cartes topographiques conçues pour la randonnée pédestre, à ski, à cheval, à VTT ou tout autre moyen de locomotion ont pour but d'aider l'utilisateur à se repérer facilement dans un lieu inconnu. Elles sont la reproduction fidèle de ce que l'on peut observer sur le terrain. Elles peuvent inclure tous types d'éléments, comme des routes, chemins, sentiers, crêtes, sommets, courbes de niveaux, forêts, champs, ruisseaux, habitations ou tous types de constructions. Elles affichent tout ce qui peut servir à s'orienter et à se positionner. Il est donc important de reconnaître et de bien interpréter les signes représentés par les cartes topographiques.

Aujourd'hui, les cartes topographiques papier servent plutôt à se représenter visuellement un terrain afin d'appréhender les obstacles et dangers qui vont se présenter. Elles permettent aussi de déterminer le meilleur itinéraire pour rejoindre un lieu donné et font appel à vos connaissances et capacités de lecture des cartes.

## Cartes nautiques

Les cartes nautiques, ou cartes marines, ont pour fonction principale de permettre à un pilote de navire d'identifier la route à suivre pour se rendre à destination tout en se tenant hors des dangers. Elles doivent également permettre aux navigateurs de se localiser près des côtes en représentant tous types d'objets identifiables (amers).

Toutes les cartes nautiques sont dressées, mises à jour et agréées par les services hydrographiques officiels ou de toute autre institution gouvernementale compétente, comme le SHOM (Service Hydrographique et Océanographique de la Marine) en France ou la *British Admiralty* au Royaume-Uni. Il existe également d'autres cartes marines non officielles comme celles d'OpenSeaMap.

Les seules cartes électroniques officielles sont appelées ENC (*Electronic Navigational Chart*), de type vectoriel, et RNC (*Raster Navigational Chart*), de type matriciel. D'autres cartes dites privées sont fournies par des éditeurs du secteur privé. Ces dernières peuvent être vectorielles ou matricielles et sont toujours éditées à partir des documents officiels. Lors d'acquisition de telles cartes, il faut s'assurer qu'elles peuvent être mises à jour.

> ATTENTION
>
> Les cartes nautiques officielles, qu'elles soient sous forme papier ou numérique, sont toujours obligatoires à bord d'un navire. Toute carte non officielle doit toujours être utilisée avec la plus grande prudence. Le SHOM recommande également de toujours garder à bord quelques cartes papier en cas de défaillance du système électronique ou de panne électrique.

# Les cartes libres de droits

Les cartes, comme toute œuvre de l'esprit, sont soumises à des droits de reproduction. Les utilisateurs n'ont pas l'autorisation de les reproduire sous quelque forme que ce soit, ni de les modifier lorsqu'il s'agit de cartes numériques, ne serait-ce que pour corriger des erreurs ou des oublis. Des outils d'édition de dessin vectoriel supportant le format SVG permettraient pourtant de rectifier facilement de telles cartes.

## OpenStreetMap (OSM)

Bien que de nombreuses cartes papier soient libres d'utilisation, comme celles issues des services gouvernementaux américains, elles nécessitent souvent une mise à jour et n'ont pas leur équivalent en format numérique. De nombreux services tels que Google Maps ou Mappy sont gratuits, mais pas libres d'utilisation, et cela concerne notamment toutes les données pouvant être obtenues de ces services. Enfin, certaines zones géographiques peu fréquentées, qui n'intéressent pas les éditeurs de cartes, sont d'une pauvreté désolante en matière de cartographie électronique.

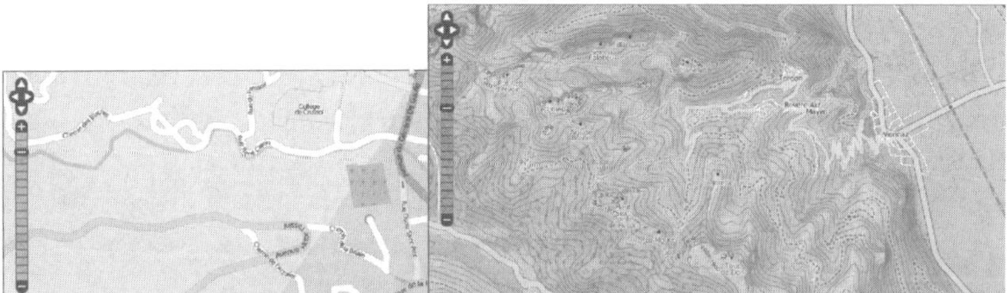

FIGURE 6-16 *Affichages de cartes provenant d'OpenStreetMap, OpenCycleMap et OpenSeaMap*

Pour toutes ces raisons, des communautés se sont formées pour créer leur propre cartographie totalement libre d'utilisation. Ces cartes sont le plus souvent élaborées à partir de traces GPS, de photos satellite ou de cartes matricielles libres d'utilisation. Les cartes libres les plus connues sont celles provenant d'OpenStreetMap (OSM) et de ses projets annexes tels qu'OpenCycleMap ou OpenSeaMap. Tous ces projets permettent d'obtenir des cartes vectorielles généralement routables.

▸ http://www.openstreetmap.fr/

## Charger des cartes OSM dans son GPS

Les cartes provenant d'OSM ne sont pas directement exploitables avec un GPS. Il est nécessaire de transformer les données émanant de leurs serveurs dans un format que son GPS serait susceptible d'interpréter. Pour cela, il existe quelques sites web proposant de récupérer des portions de cartes OSM utilisables avec un GPS. Toutefois, à ce jour, seuls les GPS Garmin sont à même de pouvoir se servir de ces données facilement.

Le plus simple est de se rendre sur le site web suivant pour récupérer des cartes routables que les GPS Garmin et leur logiciel *MapSource* pourront utiliser :

▸ http://garmin.openstreetmap.nl

Deux méthodes s'offrent alors à vous pour saisir des cartes routables. La première consiste simplement à sélectionner un pays dans les menus déroulants au-dessus de la carte (voir figure 6-17).

Les dalles couvrants le pays sélectionné s'affichent alors en bleu. Il ne reste plus qu'à cliquer sur le lien *Download map now !* situé à gauche de l'écran, et de récupérer le fichier correspondant à votre plate-forme : Linux, OS X, Windows ou un fichier image directement exploitable par votre GPS.

Cette méthode, si elle a le mérite d'être aisée, ne permet pas de sélectionner uniquement les dalles qui vous intéressent. Pour cela, il vous faudra cocher la case *Enable manual tile selection* située au-dessus des menus déroulants permettant de déterminer le pays. Il vous suffira ensuite de choisir les dalles qui vous intéressent en les cliquant une à une. Une fois la sélection effectuée, il vous faudra entrer votre adresse e-mail dans le champ *Email address*, et de cliquer sur le bouton *Build my map*. Vous recevrez aussitôt un e-mail contenant un lien et vous indiquant le délai approximatif pour la génération des fichiers, par exemple : « *This request is #12 in the queue. The delay is approximately 1.3 hours.* »

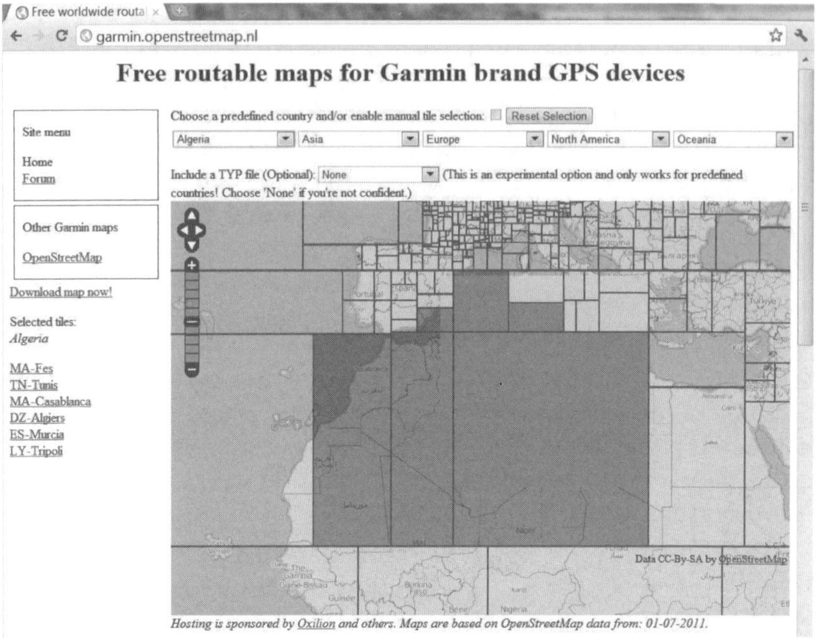


FIGURE 6–17 *Obtenir des cartes libres routables pour Garmin*

Vous pourrez de temps à autre cliquer sur le lien pour vérifier l'avancement de l'opération. Lorsque les fichiers sont générés, un second e-mail vous est adressé indiquant où récupérer les fichiers.

Si vous avez choisi le fichier Windows, un exécutable vous sera délivré afin d'installer une nouvelle carte dans MapSource ayant pour nom *OSM World Routable*. Il est également possible de recevoir un fichier pour une installation dans RoadTrip pour les ordinateurs Mac OS X ou un fichier `img` téléchargeable directement dans la mémoire de son GPS.

Les cartes ainsi obtenues sont des cartes récemment mises à jour. En effet, les fichiers des dalles sont régénérés environ toutes les semaines sur le serveur. Il ne faut donc pas espérer voir des modifications que l'on a effectuées récemment sur le site OSM incluses.

Le lien suivant fournit une liste de sites proposant également des outils pour obtenir des cartes routables pour les GPS Garmin.

▸ http://wiki.openstreetmap.org/wiki/OSM_Map_On_Garmin/Download

## Logiciels de cartographie

De nombreux autres utilitaires sont disponibles sur Internet. Diverses méthodes permettent de créer ses propres cartes routables et de les utiliser avec son GPS[3]. Certains d'entre eux permettent d'afficher des cartes numérisées à partir d'un scanner et de les utiliser avec son GPS.

Certains de ces logiciels sont parfois expérimentaux et doivent servir seulement d'aide à la navigation, toujours utilisés avec prudence.

> **Attention**
>
> Les mêmes mises en garde et recommandations que pour les lecteurs de cartes électroniques s'appliquent aux logiciels de cartographie (voir chapitre 4, section *Les GPS fixes à cartographie nautique ou aéronautique*).

Voici quelques sites Internet qui proposent des utilitaires de cartographie pour le GPS :

- http://www.gpstrack.com Gpstrack : utilisation de cartes scannées pour une utilisation en randonnée et en montagne ;
- http://www.gpss.co.uk GPSS : navigation automobile ;
- http://www.gpstm.com TrackMaker : cartographie et navigation ;
- http://www.sping.com/seaclear SeaClear : navigation maritime ;
- http://www.mgmaps.com/cache gMapMaker : charge des cartes Google Maps ;
- http://doc.ubuntu-fr.org/gpsman GPSMan : cartographie sous Linux ;
- http://opensourcegis.org Logiciels SIG libre.

3. Voir le livre *Mon GPS en action !* du même auteur aux éditions Eyrolles.

chapitre

7

# Navigation

*« Les officiers trop sûrs d'eux, ceux qui connaissent tout par cœur, sont, je l'ai observé, ceux qui perdent le plus de bateaux et le plus de monde. »*
Joshua Slocum –
navigateur en solitaire.

La navigation est l'art et la science du déplacement d'un lieu à un autre. Si, à l'origine, la navigation ne concernait que la conduite d'un navire, elle désigne aussi aujourd'hui tout déplacement terrestre, aérien ou même spatial.

La navigation fait généralement l'objet de deux phases. La première consiste à établir, à partir d'une carte, l'itinéraire, appelé route, que l'on suit afin de se rendre sur le lieu de destination. Le choix de la route dépend de critères aussi variés que la distance, le temps, la facilité, la sécurité, l'intérêt des lieux visités, ou tout autre impératif. Une fois la route déterminée, il faut définir les points par lesquels on passe obligatoirement. Lorsque l'on utilise un GPS, ces points s'appellent des waypoints. Quand la route suivie n'est pas matérialisée, par exemple lors de navigations aériennes ou maritimes, il est indispensable que les différents waypoints puissent être rejoints en ligne droite sans danger. Des logiciels permettent aujourd'hui de définir la meilleure route à partir des critères fixés par l'utilisateur.

La seconde phase de la navigation consiste à suivre le plus fidèlement possible la route préalablement établie, en tenant compte des critères choisis et au respect de la plus grande sécurité possible. Cette phase conduit parfois à modifier la route lorsque les conditions ne permettent plus de suivre l'itinéraire établi avec les critères choisis ou que le niveau de sécurité est insuffisant.

Lorsque l'on navigue à l'aide d'un GPS, certaines notions et certains impératifs doivent obligatoirement être connus avant d'établir une route. Notre sécurité et celle des personnes qui nous accompagnent peuvent alors en dépendre.

## Waypoints

Un waypoint est un point particulier qui sert soit de destination finale, soit d'étape intermédiaire. Une fois mémorisé à l'aide d'un récepteur GPS, ce dernier calcule la direction, la distance et le temps nécessaire pour se rendre à cette position. Outre la position, il est possible de sauvegarder un nom et parfois un commentaire avec chacun des waypoints, et selon le récepteur, de mémoriser un symbole correspondant au waypoint lors d'un affichage graphique. Les récepteurs GPS permettent généralement d'enregistrer plusieurs centaines de waypoints.

Lorsque l'on utilise une carte papier avec son GPS, il est indispensable, quand on entre les coordonnées d'un waypoint, de configurer le récepteur GPS avec le même système géodésique que celui de la carte que l'on utilise (voir chapitre 6).

Chaque nouveau waypoint entré dans un récepteur GPS doit être ensuite scrupuleusement vérifié avant toute utilisation. Généralement, il est possible d'afficher la direction et la distance d'un waypoint. On contrôlera que celles-ci sont correctes en effectuant des vérifications sur une carte.

## Utilisation de waypoints de provenance extérieure

Les waypoints dont les coordonnées ont été obtenues par d'autres moyens que des relevés sur une carte géographique doivent êtres utilisés avec la plus grande prudence. Il est important de savoir dans quel système géodésique ces waypoints ont été relevés. Lorsqu'ils sont destinés à la navigation maritime, il est indispensable de savoir exactement à quoi correspond leur position, ainsi que la direction d'approche et les obstacles éventuels pour atteindre ce waypoint. Une représentation graphique du waypoint dans son environnement est généralement nécessaire.

> ATTENTION
>
> Les waypoints maritimes dont les coordonnées nous ont été communiquées sans aucune représentation graphique ne devront être utilisés qu'après avoir été reportés sur une carte et vérifiés scrupuleusement.

Certains ouvrages, comme le *Pilote côtier*, présentent des plans maritimes accompagnés de waypoints (voir figure 7-1). Depuis quelques années, ces waypoints sont fournis en WGS 84, mais les anciennes éditions les présentaient en EURO-50. Il faudra donc bien vérifier le système géodésique utilisé par l'ouvrage.

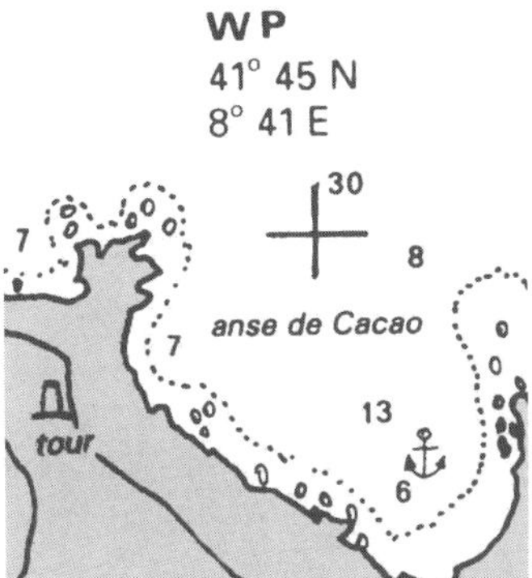


FIGURE 7-1 *Exemple de waypoint fourni par un* Pilote côtier

# Méthodes d'utilisation du GPS

En discutant avec d'autres utilisateurs, vous constaterez qu'il y a presque autant de façons de se servir d'un GPS qu'il y a d'utilisateurs. De plus, une même personne emploie son GPS de manière différente suivant l'usage qu'elle en fait : routier, maritime ou en randonnée.

Pour comprendre cette variabilité, il faut d'abord bien saisir les différences entre une trace et un itinéraire, ainsi que les possibilités d'utilisation qui en découlent.

Un itinéraire est un plan de route établi à l'avance, généralement à l'aide d'une carte. Il comporte une succession de waypoints qui sont des points de passage obligatoires. À partir du point de départ, chaque waypoint peut être rejoint en ligne droite depuis le précédent. Dans la réalité, sauf en navigation maritime ou aérienne, il est rare que les waypoints puissent être reliés de cette manière. Selon le cas, par exemple en randonnée, chaque waypoint est atteint en suivant un chemin. On place alors les waypoints aux endroits stratégiques comme les embranchements. Un itinéraire comporte un nombre restreint de waypoints, de l'ordre d'une dizaine et généralement inférieur à une cinquantaine. Il peut être utilisé avec le GPS en mode routage ou non.

Une trace GPS est généralement l'enregistrement d'un parcours effectué avec un GPS. L'appareil mémorise des points à des intervalles de temps ou de distance définis par l'utilisateur. Une trace GPS suit donc fidèlement un parcours effectué et comporte un grand nombre de waypoints, souvent supérieur à une cinquantaine. Il est également possible de construire artificiellement une trace à partir d'une carte avec un logiciel approprié. Il ne faut pas utiliser le mode routage du GPS avec des traces.

Connaissant les différences entre les traces et les itinéraires, nous pouvons distinguer trois grandes méthodes d'utilisation d'un GPS avec un itinéraire ou une trace. Elles sont résumées dans le tableau suivant.

| Méthode | Direction | Routage | Utilisations |
|---|---|---|---|
| Guidage routier | Itinéraire ou waypoint | Oui | Urbain, véhicule |
| Point à point | Itinéraire | Non | Randonnée, maritime, aéronautique |
| Suivi de traces | Traces | Non | Parcours tiers, sportif |

Outre ces trois principales méthodes, il existe d'autres façons d'utiliser le GPS, comme la navigation improvisée, qui consiste à employer un GPS comme une carte papier sans préparation ni waypoints. La carte sert alors à se repérer sur le terrain et à déterminer la direction à suivre pour retourner au point de départ (promenade, exploration, cueillette de champignons...). Lorsque votre navigation est improvisée, votre utilisation d'une carte GPS sera sensiblement identique à celle d'une carte papier, avec l'avantage d'afficher votre position et le trajet effectué en permanence sur la carte. Vous n'aurez donc pas de relèvement à effectuer pour vous localiser sur la carte. Toutes les recommandations pour l'emploi d'une carte papier s'appliquent donc également à cette méthode : identification des chemins et autres points notables, anticipation des dangers...

Parmi ces diverses méthodes, il existe bien sûr des variantes où, par exemple, un waypoint sera rejoint de façon plus ou moins improvisée suivant la configuration du terrain et le but choisi.

## Guidage routier

Cette méthode est aujourd'hui la plus utilisée avec un PND. Elle consiste à définir un point de destination ou un itinéraire comportant plusieurs points de passage ; le GPS établit alors le routage à l'aide d'une carte routable incluant les voies et leur sens de circulation. Le système de navigation indique à l'utilisateur les changements de direction à opérer et s'assure qu'il suit fidèlement les instructions.

Le guidage routier est principalement employé en milieu urbain avec un véhicule ; il existe également des cartes routables établies pour la randonnée. Avec ces cartes, il faudra être vigilant car le routage proposé automatiquement par le GPS ne tiendra généralement pas compte de la difficulté du terrain ou du dénivelé.

## Point à point

Cette méthode consiste à exploiter un itinéraire pour se rendre de waypoint en waypoint. Le routage n'est pas effectué par le GPS, mais pas l'utilisateur. Celui-ci prend les décisions d'après sa perception du terrain, les informations fournies par la carte et les indications affichées par le GPS. Le point à point est principalement utilisé en randonnée ou en navigation maritime.

Tous les GPS ne prennent pas en charge ce mode, notamment les PND d'entrée de gamme qui ne gèrent que les cartes routables fournies avec l'appareil. Ce type de navigation point à point est donc à réserver aux randonnées, à la navigation maritime ou aérienne, aux véhicules terrestres lorsqu'il n'existe pas de cartes routables ou bien en hors-piste, comme dans les zones désertiques.

## Suivi de trace

La troisième méthode consiste à suivre fidèlement une trace, en n'utilisant que les indications fournies par le GPS pour évoluer en parfaite ligne droite de waypoint en waypoint. La cartographie n'est pas employée pour la navigation, mais seulement pour une indication visuelle de la position actuelle.

Le suivi de trace sert dans des cas particuliers comme la réutilisation d'un parcours tiers, le retour au point de départ par le même chemin, les entraînements sportifs… Il impose cependant de consulter en permanence les indications de guidage du GPS et interdit généralement son emploi avec un véhicule sans copilote.

En entraînement sportif ou en compétition, cette méthode indique l'avance ou le retard par rapport à un parcours cible. Le guidage n'est généralement pas utilisé dans ce dernier cas.

## Choisissez votre méthode de navigation à l'avance

Il est important d'opter pour une méthode de navigation au moment de l'élaboration d'un itinéraire. Elle sera déterminée en fonction des cartes et des informations dont vous disposez, mais aussi de la façon dont vous souhaitez naviguer.

Sur le terrain, il sera donc important de respecter, dans la mesure du possible, la méthode retenue au moment de la création de l'itinéraire. Si vous avez choisi la méthode de suivi précis d'une trace GPS, il sera alors plus difficile de changer de chemin au milieu du parcours.

La méthode qui consiste à se rendre de waypoint en waypoint, en déterminant sur place le meilleur chemin pour rejoindre le prochain waypoint, se rapproche plus d'un plan de route, et l'utilisation du GPS en sera toute différente. Bien que les chemins à suivre aient été identifiés au moment de l'établissement du plan de route, c'est sur le terrain que l'on prendra les décisions. Ce mode fait davantage appel à vos capacités de jugement, et vous devrez être vigilant et prendre des décisions adéquates en fonction du terrain.

Avant la navigation, vous garderez à l'esprit les trois possibilités d'utilisation d'un GPS et vous choisirez la meilleure en fonction de l'utilisation visée, du matériel et du terrain.

Une fois au cœur de l'action, il vous sera parfois difficile de changer de méthode de navigation. Vous essayerez donc de suivre l'itinéraire et la méthode fixée, en tenant compte du terrain et des impondérables, et en gardant à l'esprit les notions de sécurité élémentaires.

# Établir une route

Une route est un ensemble de waypoints définissant un itinéraire à suivre. Les récepteurs GPS permettent généralement de mémoriser plusieurs dizaines de routes comportant plusieurs dizaines de waypoints chacune. Il est souvent possible de parcourir une route indifféremment dans un sens ou dans l'autre.

## Carte routable et non routable

Lorsqu'on établit une route, ce qui fait toute la différence est l'utilisation d'une carte routable ou non routable. Dans le premier cas, il suffira généralement de définir la destination pour que la meilleure route soit alors calculée par le GPS.

En revanche, dans le second cas, comme les cartes nautiques, il nous faudra, outre la destination finale, lorsqu'elle ne peut pas être rejointe en ligne droite, spécifier quelques waypoints intermédiaires que l'on choisira judicieusement.

# Établir une route avec une carte nautique

Lorsque l'on définit les waypoints d'une route, il faut tenir compte de la précision du GPS utilisé afin de « passer à l'écart » de tout danger.

> ATTENTION
>
> Si une route nous fait passer à une centaine de mètres d'un danger, il est préférable d'établir un waypoint intermédiaire à proximité. On sera alors averti lors de son approche.

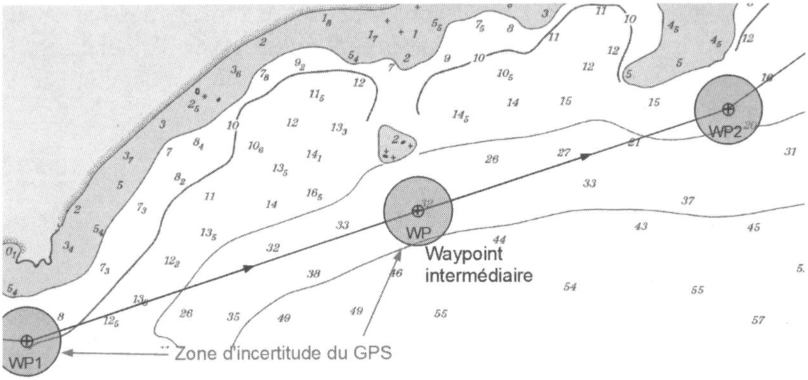


FIGURE 7-2 *Waypoint intermédiaire près d'un danger*

En navigation, lorsqu'un waypoint est atteint, le récepteur change automatiquement de destination en sélectionnant le prochain sur la route. En navigation maritime, il est également possible de coupler un pilote automatique au récepteur GPS afin de suivre la route le plus fidèlement possible.

> ATTENTION
>
> L'emploi du pilote automatique couplé à un GPS nécessite la plus grande prudence si l'on navigue près des côtes ou des hauts-fonds. Dans tous les cas, on configurera le récepteur pour qu'une alarme nous prévienne lorsque la configuration des satellites (HDOP) ne permet plus de donner une position fiable.

## Route orthodromique

Entre deux waypoints, les GPS destinés à la navigation nautique ou aéronautique utilisent généralement une route orthodromique, c'est-à-dire l'arc de grand cercle représentant la distance la plus courte entre deux points terrestres. Ce type de route n'affecte la navigation entre deux waypoints que lorsque ceux-ci sont séparés par plusieurs centaines de milles. Dans ce cas, le cap à suivre ne reste pas constant mais varie tout au long du déplacement. Le GPS est un des moyens les plus efficaces pour suivre un arc de grand cercle en continu. Autre effet non dénué de risque : la route orthodromique a tendance à se rapprocher du pôle de l'hémisphère dans lequel on se déplace.

Attention

Lorsque deux waypoints sont espacés de plusieurs centaines de milles et que l'on trace sa route sur une carte papier, il est important d'utiliser une carte orthodromique afin de vérifier que la route ne passe pas près de points dangereux.

Certains récepteurs GPS permettent de choisir entre route orthodromique (*Great circle*) et route loxodromique (*Rhumb line*). Si le récepteur ne possède pas cette fonction, il est très facile de vérifier s'il utilise l'orthodromie pour indiquer la direction d'un waypoint. Il suffit de mémoriser un waypoint imaginaire situé à une centaine de degrés plus à l'ouest (ou à l'est), mais à la même latitude que le lieu où l'on se trouve, et d'indiquer au récepteur GPS que l'on désire se rendre à ce waypoint. Au lieu d'indiquer une direction plein ouest – c'est-à-dire 270° – (ou plein est suivant les cas), le récepteur indique une direction plus au nord pour l'hémisphère nord ou plus au sud pour l'hémisphère sud. Dans le cas contraire, cela signifie que le récepteur utilise la route loxodromique. Cette méthode ne fonctionne pas si l'on se trouve sur l'équateur qui est lui-même un « grand cercle ».

## Établir une route pour la randonnée

En randonnée, on se sert assez rarement de la fonction routage du GPS ; la navigation se faisant généralement point à point, établir une route suivant ou pas un chemin, quel que soit le moyen de locomotion utilisé, consiste à déterminer :

- les points de passage souhaités ;
- le chemin sur une carte papier, ou directement sur le GPS, en fonction des points de passage définis et de critères comme le dénivelé, la difficulté du chemin, l'intérêt du chemin... ;
- les waypoints intermédiaires judicieusement placés.

> ATTENTION
>
> Il faut, si possible, choisir des waypoints faciles à identifier : embranchement, édifice, sommet, ruine, rocher, pont, route, rivière, etc. Lorsque l'on suit un chemin où existent des embranchements incertains, on y établit des waypoints.

Cette méthode, un peu scolaire, peut bien sûr varier suivant le but recherché. Il est possible, par exemple, d'établir une randonnée uniquement en fonction de sa longueur et de son dénivelé, et non pas des points de passage.

Diverses applications de cartographie libres ou gratuites (Le Petit Poucet, GPS TrackMaker...), ou payantes (Cartoexplorer, GPS Topo, Memory Map...), et des sites internet (GPSies, EditGPX, Clic0...) permettant de préparer son itinéraire sur ordinateur et de transférer ensuite la route sur son GPS, sont également disponibles. Établir une route à partir d'une trace provenant d'une randonnée précédente est également une solution. Dans ce cas, il faut définir une route suivant la méthode décrite dans cette section. On peut aussi simplement utiliser celle de suivi de trace décrite dans la section de même nom, plus avant dans ce chapitre.

## Établir une route avec un PND

Les PND sont généralement destinés à un usage urbain, soit avec un véhicule, soit à pied. Ces appareils ne travaillent pas à partir de positions géographiques mais d'adresses postales ou de POI, comme une station-service, un hôtel ou un monument. Il est toutefois possible d'entrer une destination en sélectionnant simplement un endroit à partir de l'affichage d'une carte.

Si le PND utilisé ne dispose pas de la cartographie locale jusqu'au lieu où l'on souhaite se rendre, les fonctions de guidage GPS de l'appareil seront inutilisables. Sur ce genre de matériel, vous ne pouvez généralement pas rentrer une destination en indiquant ses coordonnées géographiques.

Il est possible de sélectionner différents critères comme le type de véhicule, les autoroutes avec ou sans péage, l'itinéraire le plus rapide ou le plus court ou bien d'autres critères comme la vitesse limite du véhicule en fonction du type de route. Un itinéraire peut également être établi en indiquant différents lieux à visiter ou des critères extérieurs comme le trafic routier.

Une fois calculé par l'appareil, l'itinéraire est visualisé soit sur une carte routière, soit à partir d'une simulation de la navigation en 3D. Vous pouvez ainsi vous familiariser avec la route qui sera empruntée, vérifier que le guidage vocal est suffisamment précis et, au besoin, modifier les critères de choix.

Chaque fois qu'un nouvel itinéraire est calculé par le GPS, il est important de le vérifier sur un affichage de la carte en 2D. En effet, il arrive parfois que les cartes routables ou l'algorithme de routage présentent quelques erreurs et que l'itinéraire soit incohérent ou peu optimisé.

## Suivre une route

Une fois la route établie, la navigation proprement dite commence. Il s'agit de suivre l'itinéraire le plus fidèlement possible. Cela implique de s'adapter aux conditions rencontrées : mauvaise météorologie, zone non accessible, incident, retard ou tout autre impondérable. Contrairement à la première phase, il faut parfois réagir rapidement face à certaines conditions non prévues et donc modifier le plan de route.

En randonnée, il n'est pas toujours possible de suivre parfaitement une route établie au préalable : toutes sortes d'obstacles surgissent là où vous ne les attendiez pas, et il est toujours bien plus facile de parcourir un chemin existant.

En mer ou dans les airs, la route doit faire passer au large de tout danger. Théoriquement, il devrait être possible de suivre scrupuleusement une route établie. Cependant il arrive parfois, notamment lors de navigation à voile, que la route ne puisse être respectée. Quelle est l'attitude à observer dans ce cas ?

# Utilisation en mer

Suivre une route à l'aide d'un GPS signifie se rendre jusqu'à une destination finale de waypoint en waypoint. Il suffit généralement de suivre le cap donné par le récepteur GPS pour rejoindre le waypoint suivant. De nombreux récepteurs indiquent la route sous la forme d'un compas. La précision varie suivant le récepteur utilisé, la vitesse de déplacement et les conditions de réception. À très faible vitesse, cette erreur peut atteindre une dizaine de degrés. Il est indispensable de disposer de GPS utilisant les corrections WAAS/Egnos ou DGPS pour avoir un affichage précis et stable.

Généralement, il est préférable d'utiliser un véritable compas magnétique, ou la fonction compas électronique équipant certains modèles de récepteurs GPS, plus stable pour suivre une route. Cependant, les navigateurs ont observé que la pratique n'est pas toujours aussi simple : entre le cap indiqué par le compas magnétique et le cap réellement suivi, l'écart peut atteindre plusieurs dizaines de degrés. De quoi manquer sa destination si l'on n'y prend pas garde !

La différence observable entre le cap indiqué par le compas magnétique et la route réellement suivie est due à la dérive provoquée par le vent et les courants, la déclinaison magnétique, la déviation du compas ou bien encore la précision du GPS. Cette différence, indiquée par le récepteur GPS, s'appelle selon l'appareil « Tourner », STR (*Steer*), TRN (*Turn*) ou encore TAE (*Track Angle Error*). Les représentations suivantes montrent que l'on doit corriger le cap suivi de 17" vers la gauche :

- STR ←17°
- Tourner 17° L
- TAE -17°

L'erreur de cap sera toujours notée TAE dans la suite de cet ouvrage, mais pourra designer STR, TRN ou simplement *tourner*, selon le récepteur GPS utilisé.

> **ATTENTION**
>
> Pour atteindre un waypoint, le moyen le plus sûr est d'utiliser l'erreur de cap fournie par le récepteur GPS et de corriger en conséquence le cap compas suivi.

Pour corriger le cap en fonction de l'erreur indiquée, on procédera de la façon suivante.

1 On suit scrupuleusement le cap indiqué par le récepteur (BRG) pendant quelques instants à l'aide du compas magnétique. Lorsque la route est bien stable, le récepteur indique l'erreur de cap par rapport à la route à suivre.

2 On ajoute alors au cap initial la valeur moyenne TAE observée (ou bien l'on retranche cette valeur lorsque l'erreur de cap est négative) et l'on suit le nouveau cap calculé, toujours à l'aide du compas magnétique (voir figure 7-3). On vérifiera si au bout de quelques minutes l'erreur de cap oscille bien autour de zéro, sinon une correction s'impose de nouveau.

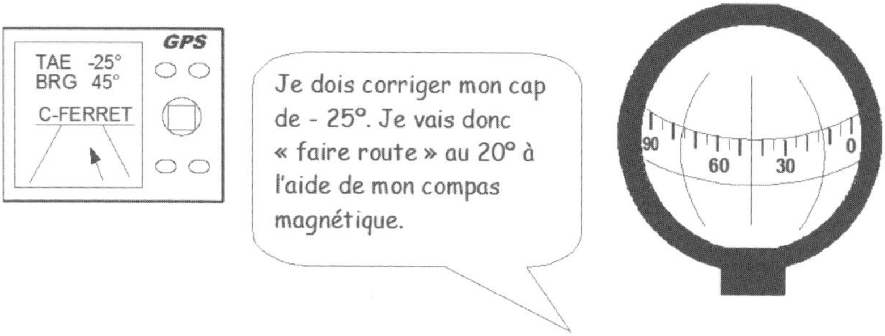


Figure 7-3 *Utilisation de l'erreur de cap pour corriger sa route*

Certains récepteurs GPS dotés d'un compas électronique sont capables de fournir directement le cap magnétique à suivre pour atteindre le waypoint. Cette indication s'appelle en principe CTS (*Course To Steer*).

Lorsque le récepteur ne fournit pas directement l'erreur de cap, cette information peut facilement être déduite en retranchant le cap effectivement suivi TRK (ou COG suivant le récepteur) de la valeur BRG indiquée par le récepteur (voir figure 7-4), soit la formule :

```
TAE = BRG - TRK
```

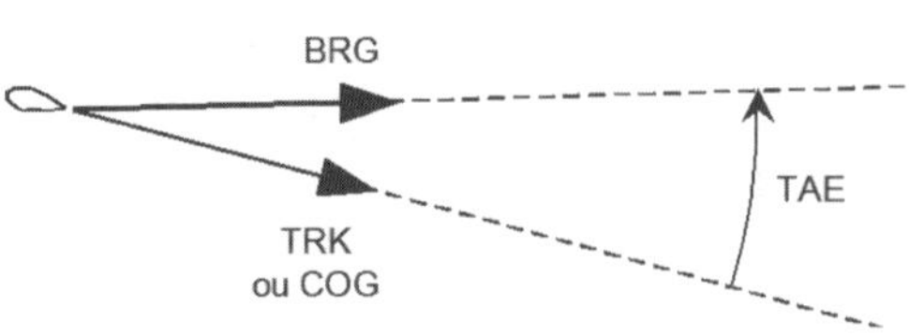


FIGURE 7-4 *Erreur de cap*

Un simple exemple illustre cette utilisation. Supposons que, pour se rendre au prochain waypoint, le récepteur GPS indique un cap à prendre BRG de 45°. On commence alors par suivre au compas magnétique une route au 45°. Une minute plus tard, on lit l'indication TRK (ou COG en fonction du récepteur GPS), et l'on s'aperçoit qu'elle oscille autour de 70°. On retranche 70° de 45°, ce qui nous donne -25°. On soustrait alors ces 25° au cap compas actuellement suivi, c'est-à-dire 45° - 25° = 20°. Le nouveau cap à prendre au compas magnétique est donc de 20°. Au bout d'une minute, on vérifie et l'on s'aperçoit que la valeur TRK est voisine de BRG. Notre route est donc correcte, nous nous dirigeons tout droit vers le waypoint.

Certains récepteurs GPS possèdent un mode amortissement du cap qui réduit les variations des informations indiquées par le récepteur. Il est préférable d'utiliser cette fonction lorsqu'elle existe ; le cap moyen sera alors plus facile à déterminer.

La précision de la position fournie par le récepteur GPS introduit un autre effet pervers sur la précision du cap à suivre.

> **ATTENTION**
>
> Plus on s'approche d'un waypoint, moins la précision du cap à suivre BRG indiqué par le récepteur GPS pour se rendre à ce waypoint est bonne.

La figure 7-5 montre la précision du cap à suivre indiqué par le GPS en fonction de la distance du waypoint. Ainsi, au-delà de 0,25 mille, la précision de l'indication BRG est généralement meilleure que ±2°, et peut donc être utilisée sans problème pour suivre une route. Lorsque l'on se situe à moins de 0,1 mille de la destination, l'erreur est alors susceptible d'atteindre ±5° et augmente très rapidement à mesure que l'on se rapproche du waypoint. Le système Egnos corrige assez bien cette erreur.

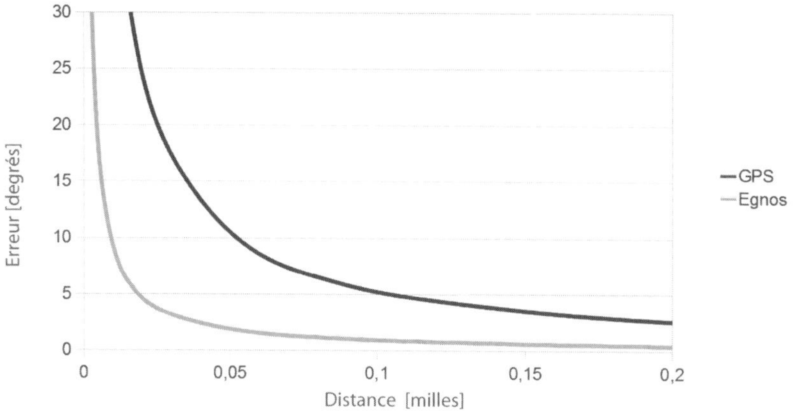


Figure 7-5 *Précision du cap à suivre en fonction de la distance*

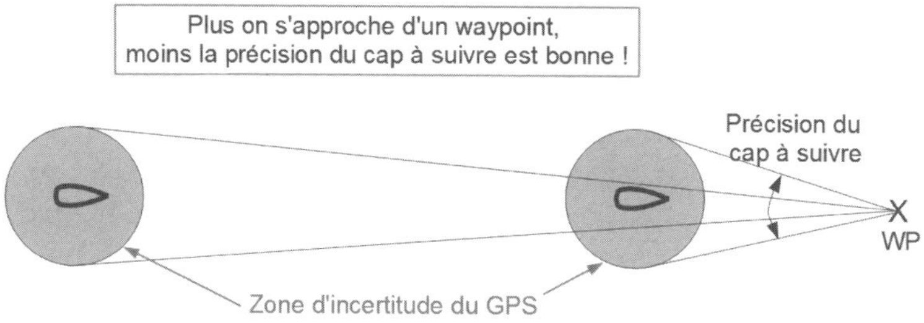


Figure 7-6 *Imprécision du cap due à la distance*

**Attention**

Plus on s'approche d'un waypoint, moins la précision du cap à suivre est bonne (voir figure 7-6). À moins d'une centaine de mètres de la destination, il devient assez aléatoire d'utiliser la direction fournie par le GPS pour suivre une route. L'utilisation du GPS avec correction WAAS/Egnos ou DGPS permet de corriger ce problème jusqu'à une vingtaine de mètres de la destination.

Lorsque l'on navigue près des côtes ou de dangers, ou bien dans un chenal, il est très important de rester sur la route joignant deux waypoints en ligne droite. Dans ce cas, on utilisera l'information XTE (*Cross Track Error*) ou sa représentation graphique CDI (*Course Deviation Indicator*) pour conserver la route.

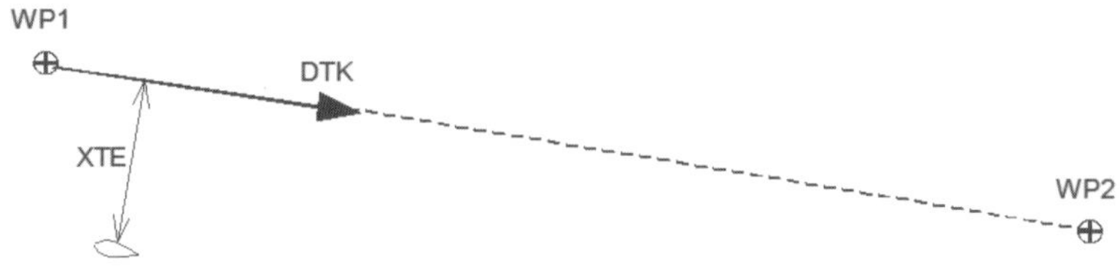


FIGURE 7-7 *Erreur de route*

Lorsque l'erreur de route XTE est supérieure à la précision du GPS, soit environ 0,01 mille, on corrige le cap pour revenir sur la route joignant le point de départ au waypoint d'arrivée. Une fois sur la route, on reprend le cap vers le waypoint.

## Cap magnétique

Certains récepteurs sont capables d'indiquer automatiquement le cap magnétique à suivre. Cette fonction réduit l'erreur initiale, mais elle n'est pas indispensable lorsque l'on utilise la méthode d'erreur de cap TAE. Avec la fonction cap magnétique du récepteur GPS, pensez à corriger la déviation magnétique lorsque vous reportez le cap indiqué par le GPS sur une carte.

## Contrôler sa position

Lorsque le récepteur GPS cesse soudain de fonctionner, le navigateur qui se fiait uniquement aux indications de cet instrument se retrouve complètement perdu. De plus, s'il n'a pas noté sa dernière position, sans GPS de secours, il n'a plus aucun moyen de savoir où il se trouve en ce moment. Malheureusement, cette situation s'observe aujourd'hui de plus en plus, à mesure que l'usage du GPS se généralise. Les facilités de navigation offertes par le GPS font parfois oublier les règles de sécurité les plus élémentaires.

> **Attention**
>
> Il est important, lorsque l'on effectue une navigation sans aucun repère, de noter et de contrôler régulièrement les indications fournies par le récepteur GPS.

Pour contrôler sa position, on se sert de méthodes de navigation traditionnelles. Si l'on ne dispose pas d'autres instruments de positionnement, on utilise la méthode dite de « l'estime ». Très simple, elle permet de détecter tout mauvais fonctionnement du GPS et les éventuelles erreurs lors de l'introduction de waypoints. Elle permet également de percevoir une défaillance des instruments de navigation ainsi que des phénomènes naturels comme les courants.

Il suffit de noter régulièrement la position fournie par le récepteur GPS sur une carte, la direction et la vitesse de déplacement ainsi que l'heure du relevé. Connaissant le cap et la distance effectuée depuis la dernière position connue, on peut alors estimer la position courante. Il est également possible d'introduire d'autres éléments, comme les courants ou des relevés d'amers, pour estimer la position.

À chaque nouveau relevé, on vérifie que la position communiquée correspond à celle estimée. Si l'erreur est importante, on cherche à expliquer l'écart de position et l'on redouble de prudence à l'approche d'un danger. La position fournie par le GPS étant plus précise, on l'utilisera donc pour estimer la suivante.

## Navigation en présence de courants

Le GPS s'avère très utile lorsque l'on navigue en présence de courants. La direction qu'indique le récepteur GPS précise la route réellement empruntée en tenant compte des composantes introduites par le courant et la dérive d'un navire ou d'un avion. La différence entre le cap compas et le cap GPS (voir figure 7-8) facilite la détection d'un courant ou d'une dérive.

Le récepteur GPS indique donc la route réellement suivie par un mobile. En se fiant au cap précisé par le GPS, on est sûr de parcourir le chemin le plus court pour se rendre à un waypoint, même en présence de courants.

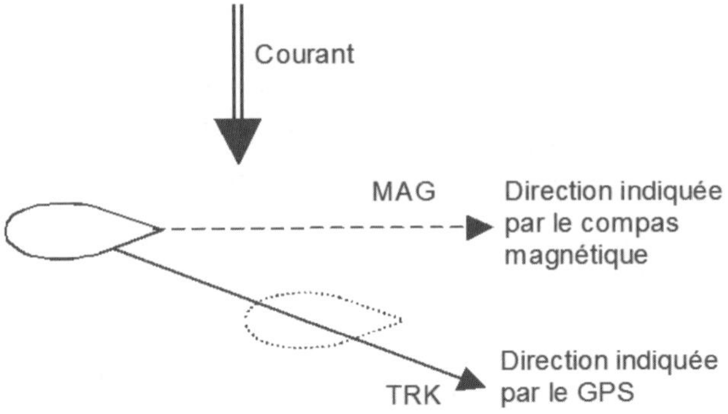


FIGURE 7-8 *Direction indiquée par le GPS en présence de courant*

Il est important de noter que cette technique est déconseillée lorsque la vitesse du courant est proche de celle du navire.

Pour comprendre ce qui pourrait se produire, les figures 7-9 et 7-10 illustrent des cas extrêmes où deux stratégies différentes sont employées pour se rendre du waypoint WP1 au waypoint WP2. Le navire doit d'abord franchir une zone de 6 milles avec un courant traversier de 5,2 nœuds, puis une zone de 6 milles sans courant. Le navire navigue à une vitesse constante de 6 nœuds.

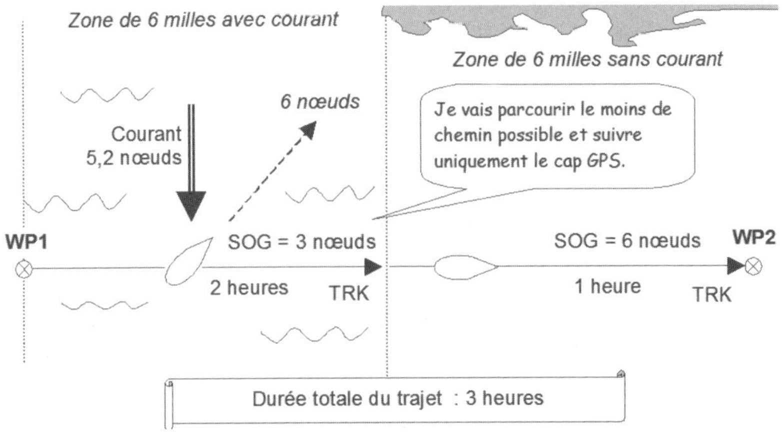


FIGURE 7-9 *Cap GPS constant en présence d'un courant*

Sur la figure 7-9, le navigateur décide de parcourir les 12 milles en utilisant uniquement le cap fourni par le GPS pour se rendre au point WP2. Il effectuera le parcours total en 3 heures.

Sur la figure 7-10, le navigateur adopte une autre stratégie. Il décide de traverser la zone de 6 milles avec courant en suivant le cap compas. Puis il se sert du GPS pour parcourir la zone sans courant. Il mettra 41 minutes de moins que le navigateur ayant adopté la stratégie précédente !

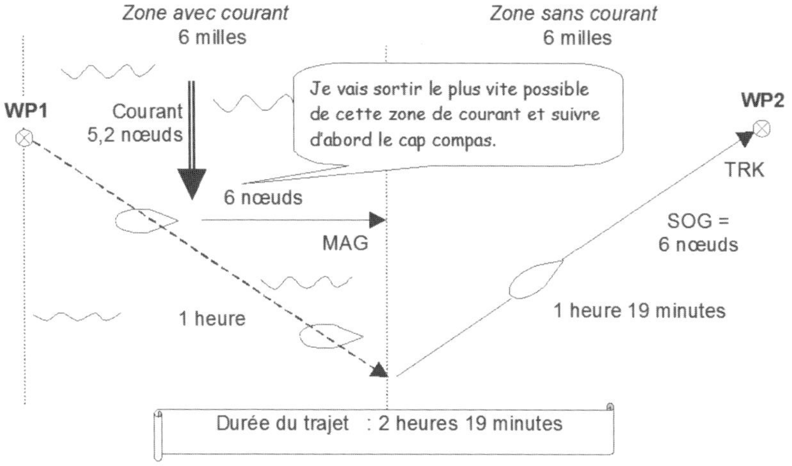


FIGURE 7-10 *Cap compas en présence d'un courant*

> **ATTENTION**
>
> Une zone où règne un fort courant latéral de vitesse proche de celle du déplacement théorique doit être traversée le plus rapidement possible, ce qui n'est pas toujours le cas si l'on suit le cap fourni par le GPS.

Lorsque l'on établit une route dans des zones où les courants sont réguliers et connus, il est judicieux de choisir des waypoints en conséquence. Si, sur la totalité du parcours, le courant est constant, il n'y a pas de stratégie à adopter et l'on peut suivre le cap fourni par le GPS tant que le VMG n'est pas nul ou négatif.

## Utilisation en randonnée

L'utilisation du GPS en navigation terrestre dépend largement du moyen de locomotion et des conditions rencontrées. À moins de naviguer dans le désert ou dans un lieu complètement dégagé de tout obstacle, il est généralement impossible de se déplacer en ligne droite d'un waypoint à un autre. Lors de l'établissement d'une route terrestre en présence d'obstacles, on repère d'abord le chemin à suivre, puis l'on choisit les waypoints en conséquence.

Lorsque le déplacement est prévu à pied, ou à faible vitesse, le GPS ne peut que difficilement aider à s'orienter ; en dessous de quelques kilomètres à l'heure, la « fonction boussole » des récepteurs GPS s'avère généralement peu précise[1]. Dans ce cas, une véritable boussole magnétique simplifie la navigation.

Le cap à suivre pour se rendre au prochain waypoint permet de se diriger à l'aide d'une simple boussole. Il ne faut bien sûr pas oublier la correction de la déclinaison magnétique si le récepteur ne possède pas cette fonction. Cette méthode économise les piles ou les batteries, car il est possible d'éteindre le récepteur. On procède à des relevés périodiques grâce au GPS dans des endroits si possible bien dégagés pour corriger ainsi le cap à suivre à chaque relevé.

> ATTENTION
>
> Lors de déplacements en montagne ou dans des lieux où le dénivelé est important, pour la première position après la mise en route de l'appareil, il est indispensable que le récepteur soit en mode 3D. Une première position en mode 2D est à proscrire.

Dans les lieux où la réception est difficile, par exemple dans les forêts denses, mieux vaut laisser le récepteur allumé en permanence. En effet, le premier point nécessite généralement un ciel bien dégagé. Lorsque le récepteur est synchronisé avec les satellites, un signal faible ou perturbé est souvent suffisant pour maintenir la fonction de positionnement du récepteur GPS.

1. Sauf pour les récepteurs dotés d'un compas électronique autonome.

Comme nous l'avons vu précédemment, la précision du cap à suivre dépend entièrement de la distance qui nous sépare du waypoint. Au-delà de 200 mètres, la précision du cap à suivre, sans correction Egnos, est meilleure que ±5° dans 95 % des cas. À moins de 50 mètres du waypoint, elle n'est plus que de ±20° (voir figure 7-11).

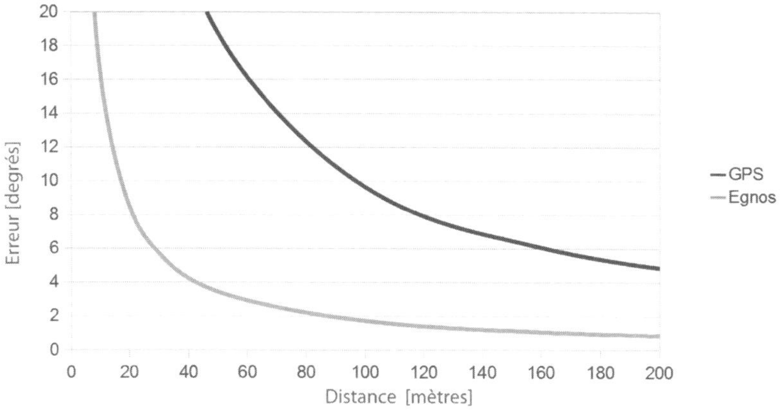


FIGURE 7-11 *Précision du cap à suivre en fonction de la distance*

Le GPS différentiel corrige ces problèmes ; un GPS utilisant les corrections WAAS/Egnos aidera donc le randonneur à trouver bien plus facilement les waypoints lorsque ceux-ci sont peu identifiables à moins d'une cinquantaine de mètres. Dès que l'on n'est plus qu'à une vingtaine de mètres de l'objectif, le récepteur GPS utilisant les corrections Egnos indiquera encore la direction avec une incertitude inférieure à ±10°.

> **ATTENTION**
>
> On prendra soin, lors de la préparation d'une route, de choisir des waypoints distants d'au moins 200 mètres les uns des autres et si possible repérables à une distance de 50 mètres.

Lorsque l'on part d'un waypoint pour en rejoindre un autre situé à moins de 200 mètres, il est toujours préférable d'utiliser le cap théorique DTK (*Desired Track*) entre ces deux waypoints, plutôt que le cap BRG donné par rapport à la position courante (voir figure 4-1). Le cap DTK est généralement communiqué par le récepteur GPS lors de l'affichage de la composition d'une route.

Si l'on n'est pas certain du chemin à suivre, il est utile de mémoriser la position courante. Ainsi, si l'on s'est trompé de chemin, il est facile de revenir à la dernière position connue. Certains récepteurs GPS permettent également de revenir en arrière en suivant le tracé inverse du chemin suivi (fonction *TracBack*).

> ATTENTION
>
> Si l'on doit revenir au point de départ, par exemple pour un retour au véhicule après une randonnée, il ne faut pas oublier de mémoriser la position avant le départ.

Lorsque l'on enregistre une position et que l'on y revient ultérieurement, on cumule deux erreurs. Le retour à une position enregistrée est donc obtenu avec une incertitude de l'ordre d'une vingtaine de mètres. Dans la pratique, on observe souvent une erreur inférieure à 5 mètres dans 95 % des cas ; Egnos la réduit à environ deux mètres.

Le GPS permet donc de s'aventurer dans des lieux inconnus sans craindre de se perdre. En utilisant la fonction *TracBack*, il est possible de suivre le chemin inverse d'un tracé précédemment enregistré. Il faudra cependant être très prudent si le retour dépend uniquement des indications fournies par le GPS. Un récepteur peut s'arrêter de fonctionner si l'on n'a pas pensé à prendre des piles de rechange ou peut simplement tomber en panne. Dans certaines conditions, comme dans une forêt très dense, ou dans une ville aux constructions très hautes, la réception peut également s'avérer impossible ou fortement dégradée.

Lorsque le déplacement a lieu à bord d'un véhicule, une vitesse relativement élevée autorise à utiliser le récepteur GPS pour s'orienter ; de nombreux récepteurs GPS fournissent un affichage avec une indication graphique de la direction à suivre. L'utilisation de cette fonction est très utile pour visualiser en permanence la direction du prochain waypoint. Cependant, lorsque le véhicule est à l'arrêt, l'indication est complètement erronée et ne doit donc jamais être employée dans de telles conditions.

Lors de l'utilisation d'un récepteur GPS portable à bord d'un véhicule, il n'est pas question de l'éteindre entre chaque waypoint. Lorsqu'il n'est pas connecté en permanence au véhicule, mieux vaut disposer d'une source d'alimentation externe, comme un allume-cigare, afin de préserver les piles du récepteur.

## Navigation pour véhicule automobile

Suivre une route avec PND ou un système de navigation pour automobile est généralement des plus simples. La route est représentée de façon réaliste avec les embranchements et les ronds-points. Il peut afficher également les panneaux de direction, les radars fixes ou mobiles, et certains bâtiments ou lieux d'intérêts. Outre l'affichage, une voix synthétique indique les changements de direction permettant au conducteur de se concentrer sur la conduite du véhicule.

Ces systèmes, même les plus sophistiqués, ne sont pas fiables à cent pour cent. Ils peuvent présenter quelques défauts, principalement dans le routage, tels que vous proposer des raccourcis par des petites routes secondaires. N'hésitez pas à vous fier à votre bon sens lorsque la direction proposée par votre GPS vous semble douteuse. De toute façon, si vous ne suivez pas la route requise, le GPS calculera aussitôt un nouvel itinéraire adapté.

chapitre

# 8

# Liaisons informatiques et logiciels GPS

*« La navigation, qui est une science mais aussi un art, ne sera jamais une affaire de boîte noire. »*
Recommandation du SHOM aux marins.

La connexion d'un récepteur GPS à d'autres appareils, comme un ordinateur, un pilote automatique ou un récepteur GPS différentiel, augmente et améliore les services fournis. De nombreux récepteurs GPS peuvent être connectés à d'autres appareils.

Lorsque le récepteur GPS transmet des informations vers un pilote automatique, un répéteur d'affichage, une centrale de navigation ou un ordinateur, le transfert d'informations se fonde généralement sur le protocole défini par le standard NMEA 0183 (*National Marine Electronics Association*). Lorsque les informations proviennent d'un récepteur DGPS et sont transmises vers le récepteur GPS, le protocole RTCM est alors utilisé. Certains récepteurs emploient également un protocole propriétaire afin de télécharger des informations, comme des waypoints ou des routes, depuis ou vers un ordinateur.

# Connexion à un ordinateur

Le standard NMEA 0183 spécifie le protocole des données échangées mais également le lien physique reliant les appareils entre eux. Ce type de liaison était compatible avec les interfaces série RS-232 qui équipaient autrefois tous les ordinateurs. Ce type d'interface a totalement disparu des ordinateurs au profit de l'interface USB. De ce fait, la plupart des GPS ne proposent plus l'interface physique NMEA mais uniquement l'interface USB, et on ne peut plus désormais connecter un GPS à un ordinateur qu'à l'aide de l'interface USB. Si cela simplifie la connexion physique entre appareils, l'utilisation de logiciels de navigation s'attendant à recevoir des données NMEA devient, elle, plus problématique.

Pour résoudre ce problème sur les ordinateurs sous Windows, nous utiliserons le petit utilitaire gratuit *GpsGate Client Express* qui nous permettra de rediriger les données provenant d'un port USB vers les ports COM. Ce logiciel peut être téléchargé à l'adresse suivante :

- http://gpsgate.com/download

Cet utilitaire nous permettra l'utilisation de nombreux logiciels acceptant en entrée les informations provenant d'un GPS.

Les récepteurs GPS Bluetooth disposent d'un port COM attribué par défaut par le système d'exploitation. L'utilitaire GpsGate sera en mesure de détecter le port à l'aide de la commande *Setup Wizard* de l'onglet *Input*.

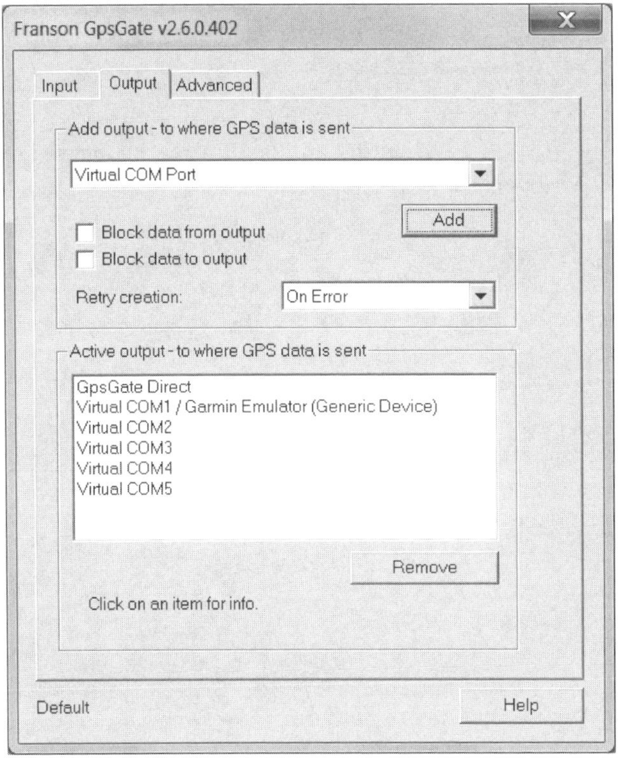


Figure 8–1 *GpsGate : utilitaire de redirection de sortie GPS vers un port COM virtuel*

# Affichage des informations NMEA

Internet met à votre disposition de nombreux logiciels destinés à recevoir et à afficher les phrases NMEA 0183 provenant de votre GPS. Si votre ordinateur fonctionne sous Windows, l'utilitaire WDGPS affiche et met à jour ces phrases à mesure qu'elles sont reçues. Le nombre et le type de phrases affichées varient d'un récepteur à l'autre, et en fonction de la version du protocole NMEA 0183 utilisé. Si votre récepteur prend en charge différentes versions du protocole, par exemple les versions 1.5 et 2.0, essayez les différents modes et contrôlez l'affichage.

Suivant la version NMEA 0183 utilisée et la configuration du récepteur GPS, les informations affichées sont sensiblement différentes. Le logiciel WDGPS peut être téléchargé à l'adresse suivante :

- http://wdgps.com

Après avoir sélectionné le numéro de port, il vous suffira de cliquer sur le bouton *Connec. GPS* pour voir défiler les phrases NMEA reçues du GPS.

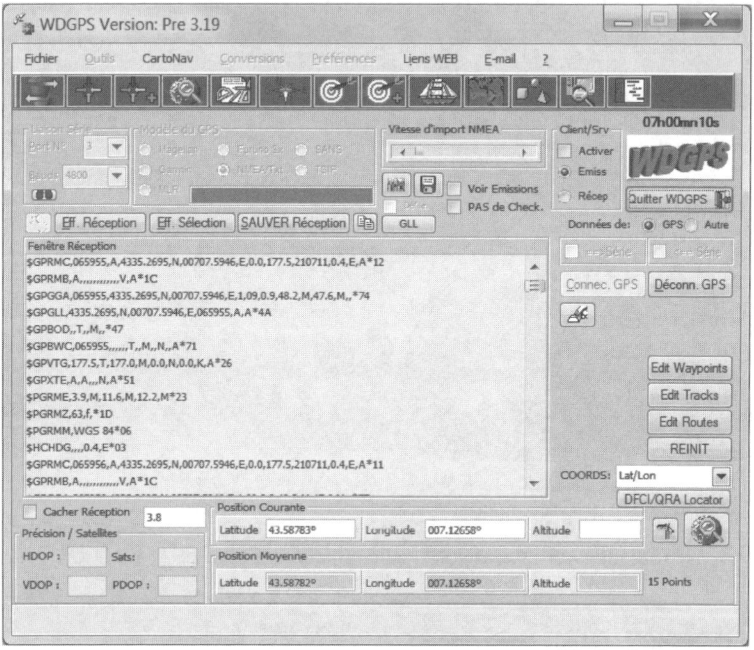


FIGURE 8-2 *WDGPS : visualisation des informations NMEA*

Le logiciel *VisualGPS* permet d'afficher les informations NMEA sous forme de graphiques. *VisualGPS* peut être téléchargé à l'adresse suivante :

- http://www.visualgps.net

Il vous suffit, après l'installation du logiciel, de configurer le port série dans le menu *Connect to GPS>Connect using serial port.*

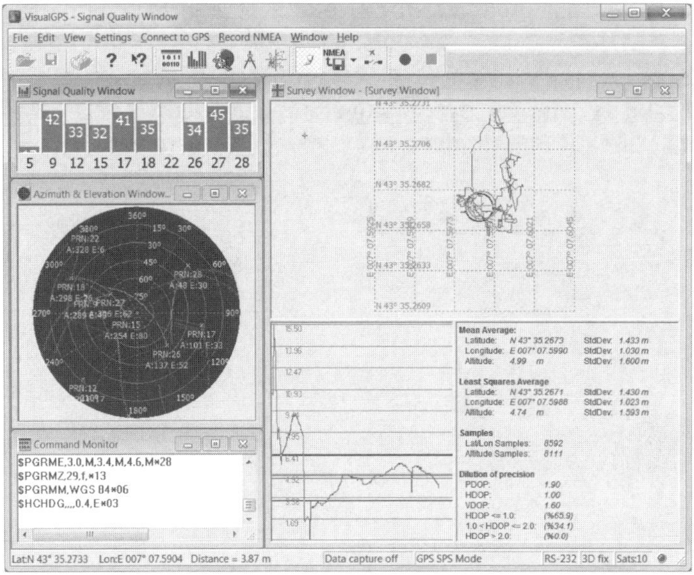


Figure 8-3 *VisualGPS : visualisation graphique des informations NMEA*

# Connexion à un PDA

Un PDA connecté à un récepteur GPS permet d'utiliser différents logiciels en fonction de l'activité. Ainsi, le même équipement servira en voiture, en bateau ou en randonnée (voir figures 8-4 et 8-5), seuls le logiciel et les cartes utilisés diffèrent.

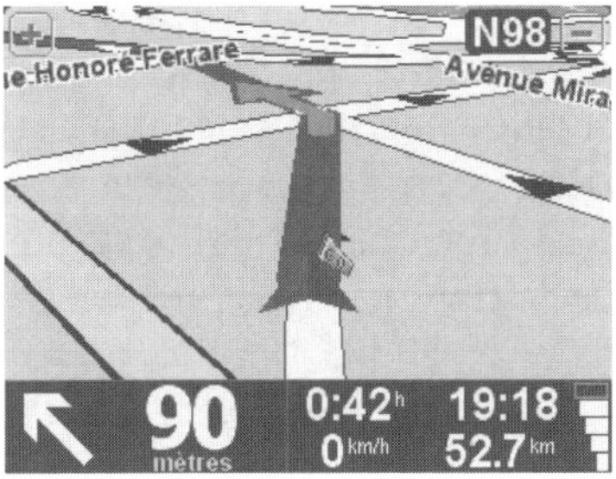


Figure 8-4 *TomTom : exemple de logiciel de navigation routière sur PDA*

L'utilisation d'un récepteur Bluetooth est préférable en randonnée ou lorsque le PDA est tenu à la main. Lorsqu'il est posé sur un support, en voiture ou en bateau par exemple, un GPS filaire fait aussi bien l'affaire s'il n'est pas nécessaire de déporter le récepteur à plus d'un mètre du PDA. Dans le cas contraire, il vaut souvent mieux choisir un GPS Bluetooth.

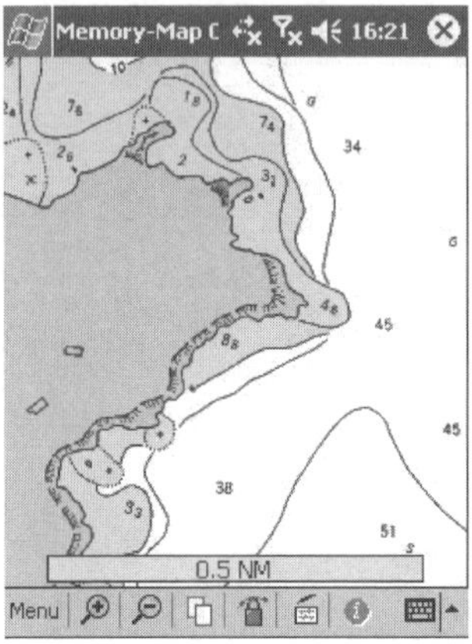


FIGURE 8-5 *Memory-Map : exemple de logiciel de navigation maritime sur PDA*

# Connexion à un pilote automatique

Contrairement à ce que l'on pourrait croire, connecter un GPS à un pilote automatique n'a pas pour but le changement automatique de direction chaque fois que l'on atteint un waypoint. En effet, les waypoints sont généralement positionnés près des dangers et laisser un pilote manœuvrer seul dans ces zones relèverait de l'inconscience. La connexion de la sortie NMEA d'un GPS à un pilote automatique permet de contrôler et d'ajuster en permanence la route en fonction des éléments extérieurs, comme les courants ou la dérive du navire. Le protocole NMEA 0183 du récepteur GPS devra cependant être capable de transmettre la phrase `APB` (`$GPAPB`) pour être interprété par le pilote automatique. Certains appareils acceptent également l'ancienne phrase `APA` du protocole NMEA 0183.

Le but du pilote automatique est de maintenir constamment le navire sur la ligne joignant le waypoint d'origine à celui de destination. Lorsque l'on s'écarte de cette ligne, il modifie légèrement le cap suivi pour recentrer le navire sur cette ligne.

# Connexion à d'autres instruments NMEA

La connexion d'un récepteur GPS à un répéteur d'affichage, une centrale de navigation, ou tout autre appareil de navigation, ne pose généralement pas de problème s'ils sont conformes au standard NMEA 0183. Il est possible de connecter la sortie NMEA d'un appareil aux entrées NMEA de plusieurs autres matériels. Cependant, si deux sorties NMEA doivent être connectées à un même appareil et que celui-ci ne possède qu'une seule entrée, il est alors nécessaire d'ajouter un multiplexeur NMEA (voir figure 8-6). Il permet, par exemple, d'avoir un second récepteur GPS et de basculer automatiquement vers celui-ci au cas où le GPS principal aurait une quelconque défaillance ou perdrait la connexion avec les satellites.

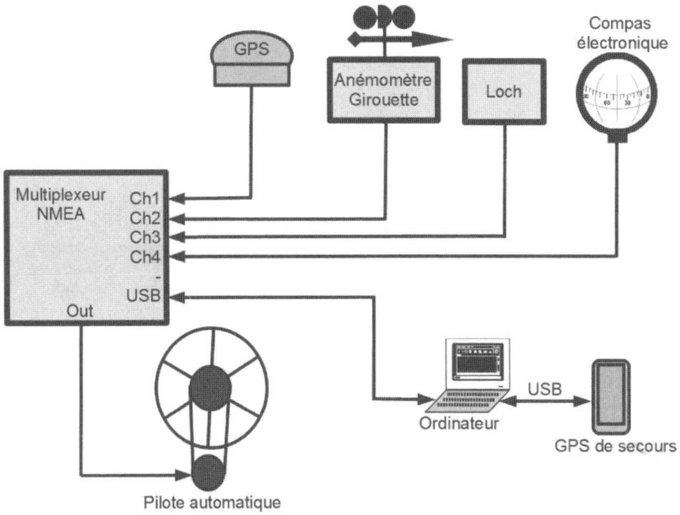


**Figure 8-6** *Exemple de connexions à un multiplexeur NMEA*

# Logiciels GPS

La connexion du GPS à un ordinateur ouvre la porte à une quantité impressionnante d'applications. De nombreux logiciels libres ou gratuits sont disponibles sur Internet. Nous en présentons ici quelques-uns.

## OpenCPN

OpenCPN est un logiciel libre de cartographie et navigation maritime permettant d'utiliser de nombreux formats de cartes numériques libres ou disponibles dans le commerce. Compatible avec différents systèmes d'exploitation, il est développé par une équipe de marins et constamment mis à jour. Vous le trouverez à l'adresse suivante :

- http://opencpn.org

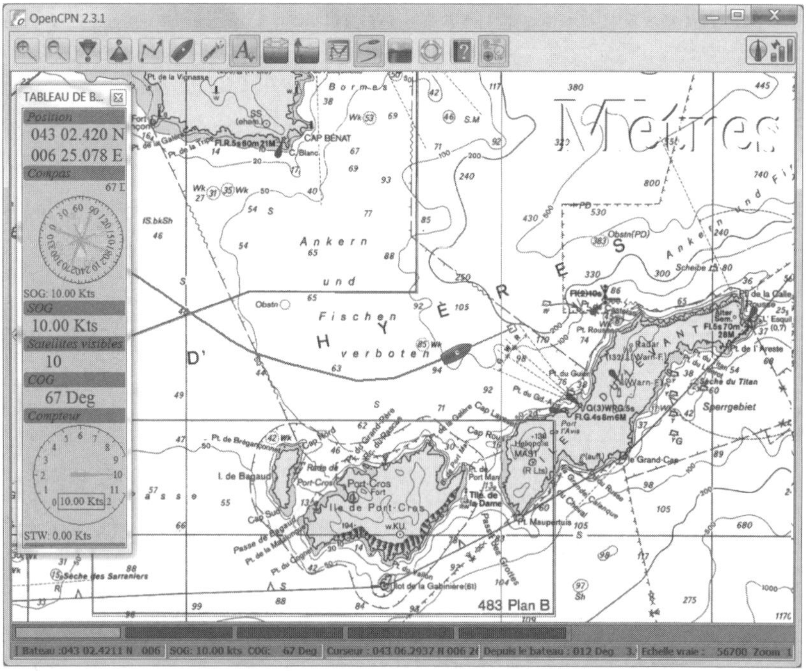


FIGURE 8-7 *OpenCPN : logiciel libre de navigation maritime*

L'aide du logiciel OpenCPN est disponible à l'adresse suivante :

- http://www.eauxturquoises.fr/a_tutopencpn/tutopencpn.htm

Ce tutoriel vous permettra, entre autres, d'obtenir des cartes, de les charger et de les utiliser avec le logiciel.

# Gpstrack

Gpstrack est un logiciel permettant d'utiliser des cartes scannées et de les calibrer, pour préparer ses itinéraires. Connecté à un GPS, il récupère des traces ou visualise son déplacement en temps réel. Il est principalement destiné à la randonnée ou aux activités en montagne. Vous le trouverez à l'adresse suivante :

- http://www.gpstrack.com

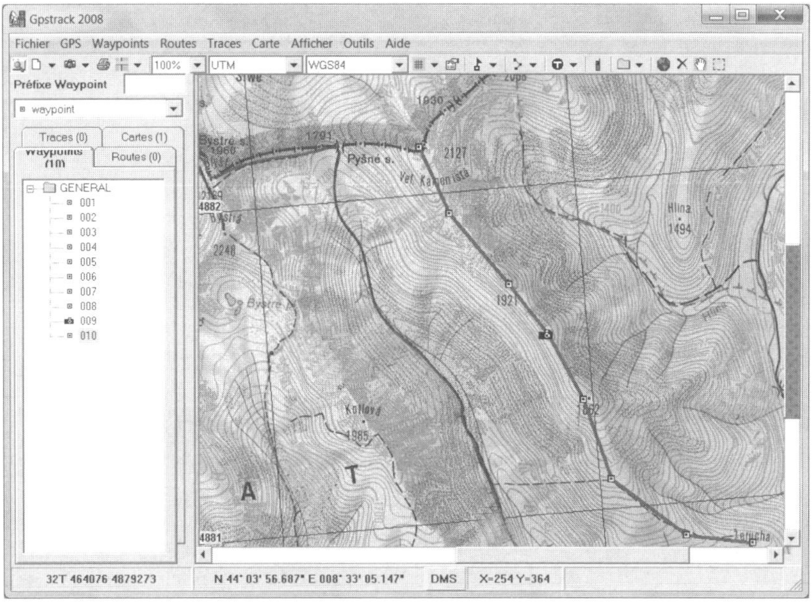


**Figure 8-8** *Gpstrack : logiciel de randonnée*

# tangoGPS

tangoGPS est un logiciel libre tournant sur les plates-formes et les téléphones Linux. Il utilise nativement les cartes provenant d'*OpenStreetMap* mais aussi d'autres cartes. Il peut être employé pour la navigation avec GPS ou d'autres fonctions comme le géocodage de photos. Vous le trouverez à l'adresse suivante :

- http://www.tangogps.org

FIGURE 8-9 *tangoGPS : logiciel de navigation Linux*

**Autres logiciels**

**GpsDrive** : logiciel de navigation pour les plates-formes Linux et Mac OS X.
http://www.gpsdrive.de
**GPSS** : logiciel de navigation automobile.
http://www.gpss.co.uk
**Navi** : logiciel de navigation ULM.
http://www.navi-ulm.com
**Navigation** : logiciel de navigation aéronautique.
http://francois.fouchet.free.fr
**TrackMaker** : logiciel de cartographie et navigation.
http://www.gpstm.com

# Le standard NMEA 0183

Le standard NMEA 0183 a été développé par la *National Marine Electronics Association* pour faire communiquer entre eux toutes sortes d'instruments de marine. Il a été adopté par tous les fabricants de récepteurs GPS afin de leur connecter d'autres instruments de navigation.

Le protocole d'échange est constitué de différentes phrases qui sont transmises de façon à être lues comme du texte. Chacune commence une nouvelle ligne par le signe `$`. Les deux lettres suivantes déterminent l'origine du message. Ainsi, les phrases débutant par `$GP` proviennent d'un récepteur GPS. Ces derniers peuvent cependant transmettre des messages non définis par le standard NMEA 0183, mais dont le contenu est déterminé uniquement par le fabricant ; ces phrases commencent alors par `$P`.

Les trois lettres suivantes définissent le type de phrase. Chaque phrase se termine par un nombre de contrôle (*checksum*).

**Tableau 8-1 Principales phrases utilisées par les récepteurs GPS**

| | |
|---|---|
| `$GPAPB` | Cette phrase est indispensable pour pouvoir connecter la plupart des pilotes automatiques à un récepteur GPS.<br>`Ex. :`<br>`$GPAPB,A,A,0.10,R,N,V,V,011,M,DEST,011,M,011,M*3C`<br>• alarme générale,<br>• alarme Loran-C (non utilisée par le GPS),<br>• XTE,<br>• direction à suivre (L ou R),<br>• alarme d'arrivée,<br>• alarme de dépassement,<br>• cap magnétique à l'origine,<br>• identification du waypoint,<br>• cap magnétique vers le waypoint,<br>• cap magnétique à suivre. |

TABLEAU 8-1 **Principales phrases utilisées par les récepteurs GPS (suite)**

| | |
|---|---|
| `$GPBWC` | Direction et distance du waypoint suivi<br>`Ex. :`<br>`$GPBWC,225444,4917.24,N,12309.57,W,051.9,T,031.6,M,1.3,N,4*29`<br>• horaire de la position,<br>• latitude du waypoint,<br>• longitude du waypoint,<br>• cap géographique du waypoint (BRG),<br>• cap magnétique du waypoint,<br>• distance du waypoint,<br>• identification du waypoint. |
| `$GPGGA` | Données de positionnement<br>`Ex. :`<br>`$GPGGA,123519,4807.038,N,1131.0,E,1,8,0.9,545.4,M,46.9,M,,*47`<br>• horaire de la position,<br>• latitude,<br>• longitude,<br>• type de positionnement,<br>• nombre de satellites suivis,<br>• HDOP,<br>• altitude,<br>• hauteur du géoïde,<br>• horaire de la dernière information DGPS,<br>• identification de la station DGPS. |
| `$GPLL` | Latitude et longitude de la position géographique actuelle<br>`Ex. :`<br>`$GPGLL,4916.45,N,12311.12,W,225444,A,*1D`<br>• latitude,<br>• longitude,<br>• horaire de la position,<br>• validité de la position. |

**Tableau 8–1 Principales phrases utilisées par les récepteurs GPS (suite)**

| | |
|---|---|
| `$GPGSA` | Informations générales des satellites<br>`Ex. :`<br>`$GPGSA,A,3,04,05,,09,12,,,24,,,,,2.5,1.3,2.1*39`<br>• mode 2D auto/manuel,<br>• mode courant (2D/3D),<br>• PRN des satellites utilisés pour la position,<br>• PDOP,<br>• HDOP,<br>• VDOP. |
| `$GPGSV` | Informations détaillées pour chaque satellite<br>`Ex. :`<br>`$GPGSV,2,1,08,01,40,083,46,02,17,308,41,12,07,`<br>`344,39,14,22,228,45*75`<br>• nombre de satellites en vue,<br>• PRN du satellite,<br>• élévation du satellite,<br>• azimut du satellite,<br>• rapport signal sur bruit. |
| `$GPRMB` | Information minimale de navigation lorsqu'un waypoint est actif<br>`Ex. :`<br>`$GPRMB,A,0.66,L,003,004,4917.24,N,12309.57,W,`<br>`001.3,052.5,000.5,V*20`<br>• validité de la position,<br>• XTE,<br>• identification de l'origine,<br>• identification de la destination,<br>• latitude de la destination,<br>• longitude de la destination,<br>• distance jusqu'à la destination,<br>• BRG,<br>• VMG,<br>• alarme d'arrivée. |

TABLEAU 8-1 **Principales phrases utilisées par les récepteurs GPS (suite)**

| | |
|---|---|
| `$GPRMC` | Informations minimales fournies par un récepteur GPS<br>`Ex. :`<br>`$GPRMC,123519,A,4807.038,N,01131.000,E,022.4,084.4,230394,003.1,W*6A`<br>• horaire de la position,<br>• validité de la position,<br>• latitude,<br>• longitude,<br>• SOG,<br>• COG,<br>• date. |
| `$GPWPL` | Position du waypoint courant<br>`Ex. :`<br>`$GPWPL,4807.038,N,01131.000,E,WPTNME*5C`<br>• latitude du waypoint,<br>• longitude du waypoint,<br>• nom du waypoint. |
| `$GPXTE` | Information d'erreur de route<br>`Ex. :`<br>`$GPXTE,A,A,0.67,L,N*6F`<br>• alarme générale,<br>• alarme Loran-C (non utilisée par le GPS),<br>• XTE,<br>• direction à suivre (L ou R),<br>• unité de distance. |

La version complète du protocole NMEA est protégée par un copyright. Le site Internet suivant fournit les informations pour se procurer le document :

▸ http://www.nmea.org

Des informations complémentaires sur le protocole NMEA peuvent également être obtenues à l'adresse Internet suivante :

▸ http://www.gpsinformation.org/dale/nmea.htm

# Le protocole RTCM 104

Le protocole RTCM 104 (*Radio Technical Commission for Maritime services*) est utilisé par les émetteurs GPS différentiels pour transmettre les informations de correction nécessaires au calcul précis de la position. Les informations RTCM 104 comprennent, entre autres, les corrections à apporter à chaque pseudo-distance.

Le standard RTCM 104 définit un certain nombre de messages émis au format binaire. Dix-sept messages différents sont destinés aux GPS différentiels courants, c'est-à-dire ceux travaillant sur la différence de code. Quatre autres transmettent les informations de correction de phase, et sont donc utilisés pour les applications qui requièrent une grande précision comme la géodésie et la cartographie.

chapitre

9

# Réception, antenne et signaux

*« Ce soir, pour la première fois, je réussis à capter le signal horaire WWV. Peu auparavant, j'avais pris, comme chaque soir à 20 h TMP, le signal horaire d'Alger. À ma grande surprise, il y a près de huit secondes d'écart dans les comparaisons. Un rien pour des signaux horaires !... Et quatre secondes de temps valent une minute d'arc, soit un mille à l'équateur. »*

Jacques-Yves Le Toumelin – *Kurun aux Antilles.*

Tout récepteur GPS a besoin d'une antenne afin de recevoir les signaux émis par les satellites. Elle peut être intégrée, fixée ou bien déportée et reliée au récepteur par un câble. C'est un élément essentiel du récepteur GPS qui influe sur la qualité des informations qu'il fournit.

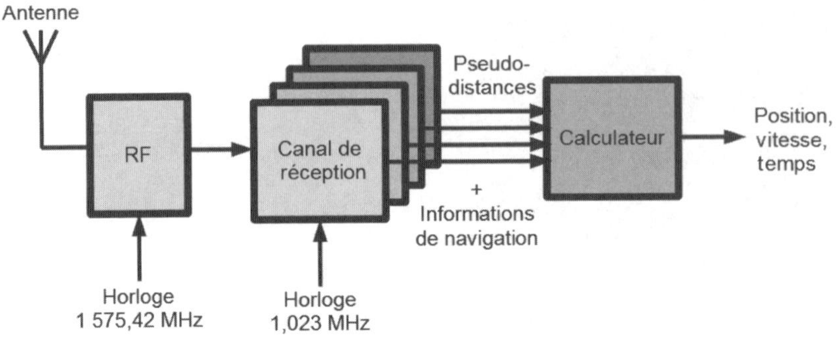


FIGURE 9-1 *Diagramme simplifié d'un récepteur GPS*

# Réception

Les signaux émis par les satellites GPS, de la famille des micro-ondes, sont fortement absorbés par la plupart des matériaux. Les récepteurs ont donc besoin d'un ciel bien dégagé afin de recevoir les signaux avec une puissance suffisante pour être utilisables. Parmi les nombreux matériaux qui absorbent les signaux GPS, nous trouvons les constructions en béton, les feuilles des arbres, les montagnes, les rochers ou, encore, les métaux comme le fer. C'est pourquoi, il est difficile et parfois impossible de capter les signaux GPS à l'intérieur d'une construction en béton, sous des arbres au feuillage dense, près des falaises, à l'intérieur d'une voiture ou d'un avion. En revanche, la pluie, les nuages et le bois sec ne gênent que très peu la propagation des signaux GPS.

## Puissance de réception

La puissance de réception, et donc la qualité du signal reçu, dépendent de l'élévation du satellite observé. Le signal d'un satellite GPS est reçu avec le maximum de puissance lorsque celui-ci se trouve à 40° au-dessus de l'horizon. Cependant, cette puissance n'excède jamais -153 dBW ce qui est extrêmement faible et explique la dégradation rapide des signaux en présence d'obstacles. La figure 9-2 montre la puissance minimale du signal reçu lorsque le ciel est bien dégagé, en fonction de l'élévation du satellite.

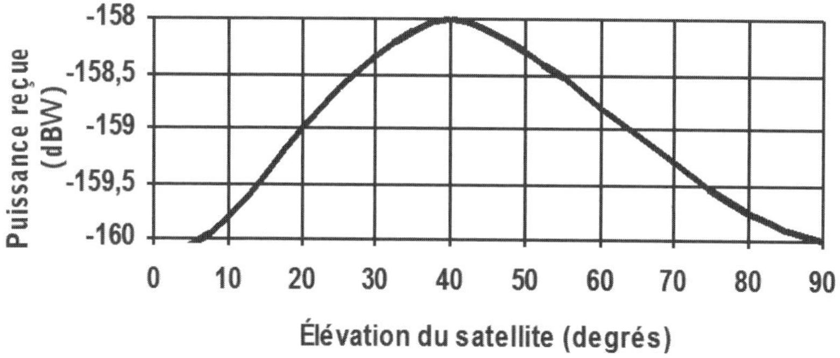


Figure 9-2 *Puissance de réception minimale du signal*

## Réception sous les arbres

La réception sous les arbres est très délicate : les feuilles ne laissent en effet que très peu passer les signaux GPS.

> **Attention**
>
> Sous les arbres, la réception est généralement bien meilleure si l'on se déplace, plutôt que si l'on reste immobile. La première position devra en revanche être relevée à partir d'un lieu bien dégagé, où une grande partie du ciel est visible.

La réception des signaux GPS dans des forêts exceptionnellement denses, telles que les forêts équatoriales, est très difficile et parfois impossible. Les récepteurs de technologie récente sont plus sensibles et autorisent ainsi la réception sous les feuillages très denses.

## Réception à l'intérieur des véhicules

L'utilisation d'un récepteur GPS à l'intérieur d'un véhicule nécessite généralement une antenne positionnée à l'extérieur. Il est à noter que la réception sans antenne extérieure est tout de même possible à l'intérieur d'une voiture ou d'un avion lorsque le récepteur est placé près du pare-brise ou d'une fenêtre. Cependant, un grand nombre de satellites ne sont pas visibles pour le récepteur et la précision des informations s'en trouve grandement dégradée. L'indication HDOP, lorsqu'elle existe, doit alors être surveillée afin de connaître la qualité des informations fournies par le récepteur GPS.

La réception dans certains véhicules peut poser des problèmes car les signaux sont affaiblis lors du passage à travers divers matériaux. Dans les voitures, la réception ne peut se faire qu'au travers du pare-brise car la carrosserie métallique bloque presque complètement les signaux GPS. Les pare-brise athermiques affaiblissent très fortement les signaux, et seul un récepteur de technologie récente de grande sensibilité ou une antenne extérieure permet la réception dans de ce genre de véhicule.

À l'intérieur d'un véhicule non métallique comme un bateau, la réception est souvent possible. Il est cependant indispensable de la contrôler et de vérifier que la précision ne s'en trouve pas dégradée. Dans le cas contraire, on utilisera une antenne extérieure ou un récepteur de grande sensibilité. Une des causes d'erreur lorsque le récepteur GPS et son antenne sont situés à l'intérieur d'un bateau, est la présence, par exemple, d'une personne assise sur le pont au-dessus du récepteur. Dans ce cas, la précision peut s'en trouver très fortement perturbée.

## Brouillage et interférences

Comme tous les signaux radioélectriques, les signaux GPS peuvent subir des perturbations. Plus ou moins graves, ces dernières empêchent parfois complètement le récepteur de fonctionner. Certains émetteurs très puissants, comme ceux pour la télévision, produisent des interférences. Dans ces conditions, le récepteur GPS n'est plus en mesure de capter les signaux et se révèle alors totalement incapable de donner une position.

Des phénomènes naturels, tels que des bulles de plasma ionosphériques, provoquent parfois des interférences ou font écran aux signaux provenant des satellites. Ces phénomènes peuvent entraîner la perte totale du signal pendant plusieurs heures. Ces anomalies, généralement liées à l'activité solaire, sont plus fréquentes dans les zones tropicales et après le coucher du soleil.

**IMPORTANT**

Certains émetteurs ou des phénomènes naturels peuvent provoquer des perturbations empêchant totalement le fonctionnement du GPS.

## Antenne active

Les récepteurs GPS portables sont équipés d'une antenne dite passive, c'est-à-dire dénuée d'amplification intégrée. Ce type d'antennes doivent être connectées directement au récepteur. Il est également possible de les relier par un câble assez court, de l'ordre d'un mètre. Lorsque l'antenne doit être déportée à plus d'un mètre du récepteur, elle doit être « active ». Cette antenne possède un amplificateur à faible bruit (LNA, *Low Noise Amplifier*) intégré et nécessite une alimentation extérieure.

Les récepteurs acceptant une antenne extérieure fournissent en général directement l'alimentation via le connecteur d'antenne. Il suffit, dans la plupart des cas, de connecter simplement l'antenne au récepteur par un câble coaxial. La longueur maximale de ce câble est généralement d'une dizaine de mètres. Cependant, certaines antennes très performantes, connectées à l'aide d'un câble de très faible perte, acceptent des longueurs atteignant 200 mètres.

Généralement, lorsque l'antenne doit être placée à plus d'une dizaine de mètres du récepteur, préférez-en une avec récepteur intégré. Une telle antenne effectue directement le calcul de la position et fournit l'information de positionnement au format NMEA 0183 à un calculateur ou à un simple afficheur déporté qui peut être situé assez loin. Le calculateur effectue tous les calculs de navigation et est chargé de l'affichage des informations ainsi que de l'interface avec l'utilisateur. Attention ! Les antennes à récepteur GPS intégré sont parfois appelées « antennes actives » par certains fabricants.

## Choix de l'antenne

L'antenne sera soigneusement choisie en fonction de l'utilisation principale du récepteur. Le gain est un facteur important qui caractérise une antenne. Il est généralement compris entre 20 et 30 dB au-delà, certains récepteurs GPS présentent des dysfonctionnements dus à une saturation de l'étage d'entrée lorsque le ciel est parfaitement dégagé. Il faut également tenir compte de l'atténuation du câble qui est comprise entre 0,2 et 1,5 dB par mètre suivant la qualité du câble utilisé. Les autres facteurs importants caractérisant une antenne sont la « réjection » des fréquences parasites, le bruit généré par l'amplificateur de l'antenne ou encore la linéarité de la réception selon la direction.

Une antenne externe améliore la réception des récepteurs portables alors que les conditions sont défavorables. Dans ce cas, il existe des antennes de taille réduite pouvant être maintenues de façon magnétique sur tout support métallique, comme le toit d'une voiture. Il faut cependant savoir qu'elles consomment entre 10 et 40 mA, ce qui risque de diminuer l'autonomie d'un récepteur portable lorsqu'il est alimenté par des piles ou des accumulateurs rechargeables.

## Position de l'antenne

L'endroit où est placée l'antenne influe directement sur la qualité des signaux reçus et donc sur la précision des indications fournies par le récepteur GPS. Il est primordial de choisir un emplacement bien dégagé, ne risquant pas d'être masqué par des objets ou des personnes. S'il est possible de recevoir les signaux à l'intérieur d'un édifice ou d'un véhicule, la réception s'en trouvera toujours dégradée. En effet, les signaux GPS sont arrêtés par les métaux ou les matériaux comme le béton ou le carbone. Tourefois, ils peuvent traverser le bois ou les matériaux composites, mais sont généralement affaiblis.

Bien que la surélévation de l'antenne n'apporte aucune amélioration de réception, en général, le meilleur emplacement est le toit des véhicules. L'antenne se place souvent le plus haut possible de façon à réduire tout risque de masquage. Cependant, sur les voiliers, il n'est pas possible de fixer l'antenne au sommet du mat, le balancement de celui-ci introduirait des accélérations parasites. Il convient, dans ce cas, d'éloigner l'antenne du mat et de la fixer sur le balcon arrière ou à l'aide d'un mâtereau.

> ATTENTION
>
> Il est important de ne pas placer l'antenne GPS près d'équipements émettant des signaux de fréquences élevées tels qu'une antenne radar, VHF ou Inmarsat.

## Liaison

La liaison de l'antenne doit être soignée et réalisée avec un câble spécial. Généralement, les antennes sont livrées avec un câble d'une dizaine de mètres doté d'un connecteur déjà serti. Bien que cela ne pose en principe pas de problème, il est déconseillé de raccourcir le câble : un mauvais montage ou une mauvaise soudure du connecteur dégraderait les performances de l'appareil.

Lorsque l'antenne GPS est placée dans le voisinage d'une antenne d'émission vers des satellites, par exemple une antenne Inmarsat, il est souvent nécessaire d'intercaler des filtres facilitant la réjection des signaux émis.

# Caractéristiques électriques des signaux

Les satellites GPS transmettent un signal à polarisation circulaire à droite (RHCP, *Right Hand Circularly Polarized*) dans la bande L des micro-ondes à une fréquence de 1 575,42 MHz. Ce signal est connu sous le nom de L1 et est émis avec une puissance suffisante pour fournir un niveau de réception supérieur à -160 dBW à la surface de la Terre. Le signal L2 de fréquence 1 227,6 MHz est émis avec une puissance suffisante pour que le niveau de réception soit supérieur à -166 dBW à la surface de la Terre.

La porteuse L1 est modulée par sauts de phase bipolaire (BPSK) à la fréquence de 1,023 MHz, au moyen d'une séquence pseudo-aléatoire d'une longueur de 1 023 bits qui compose le code PRN (*Pseudo Random Noise*) du satellite (voir figure 9-3). Cette séquence, d'une durée d'une milliseconde, forme le code d'acquisition dit grossier : le code C/A (*Coarse Acquisition code*). Chaque satellite possède son propre code PRN qui permet au récepteur de l'identifier. Le code C/A concerne uniquement les signaux du SPS. Les informations de navigation proprement dites, modulent à leur tour le code C/A à la fréquence de 50 Hz.

Le signal L2 est utilisé uniquement par le PPS pour transmettre le code de précision (P-code). Cependant, certains récepteurs civils l'emploient aussi afin d'évaluer le retard du signal introduit par les différentes couches de l'atmosphère. Le signal L1 est également utilisé pour transmettre des informations pour le PPS.

Le spectre des signaux étant très large, le système GPS présente une bonne immunité aux interférences.

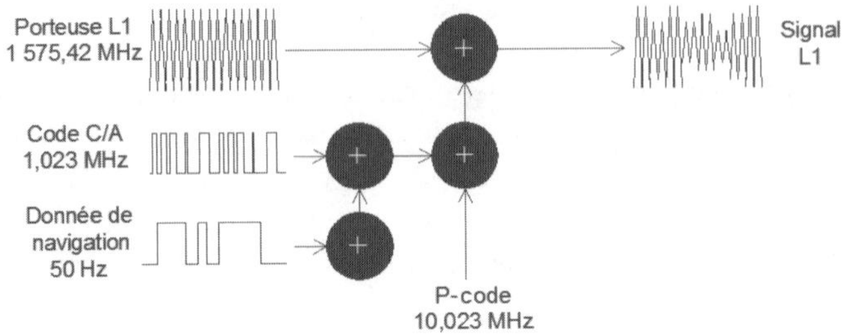


FIGURE 9-3 *Signal L1 des satellites*

# Acquisition des signaux

Tous les satellites GPS émettant en même temps sur la même fréquence, les signaux reçus ressemblent à peu près à du bruit. Dans ces conditions, il est fort difficile pour le récepteur de déterminer quels sont les signaux d'un satellite donné. Cependant, chaque satellite possède un code qui lui est propre, le code PRN.

Chaque récepteur possède dans l'almanach de sa mémoire la liste complète des codes PRN pour chaque satellite. Le récepteur génère localement une réplique de ce qu'il compare ensuite aux signaux reçus (voir figures 9-4 et 9-5). Si l'almanach est à jour, l'horloge du récepteur à l'heure et la position du récepteur connue avec précision – ce qui semble paradoxal –, les signaux sont alors bien en phase. Un signal, dont le niveau est proportionnel à la corrélation du code PRN avec la réplique produite localement, permet de juger de la synchronisation des signaux.

Si aucune corrélation n'a pu être trouvée, le récepteur fait une nouvelle tentative en décalant la réplique du code PRN, jusqu'à en obtenir une entre les deux signaux. La fréquence du signal peut également être modifiée en raison de l'effet Doppler (voir ci-contre) produit par le satellite en mouvement.

Si, après avoir décalé le PRN d'une valeur de 1 023 bits et la fréquence du signal de toutes les valeurs possibles, le récepteur n'a pas réussi à obtenir une corrélation, le satellite est considéré comme invisible. Le récepteur, s'il ne possède pas suffisamment de canaux, passera alors à un autre satellite avec un nouveau code PRN. Cette séquence est plus ou moins longue suivant la visibilité du ciel, le temps écoulé depuis la dernière mise en service du récepteur, l'éloignement de la dernière position mémorisée, le nombre de canaux et la qualité du récepteur. Le système AGPS permet de s'affranchir de ce problème, toutes les informations étant fournies par le réseau.

Afin de déduire l'heure exacte de transmission et la distance du satellite, le récepteur doit aligner parfaitement la réplique avec le code PRN reçu. Il l'est lorsque le signal de corrélation atteint son maximum (voir figures 9-4 et 9-5).

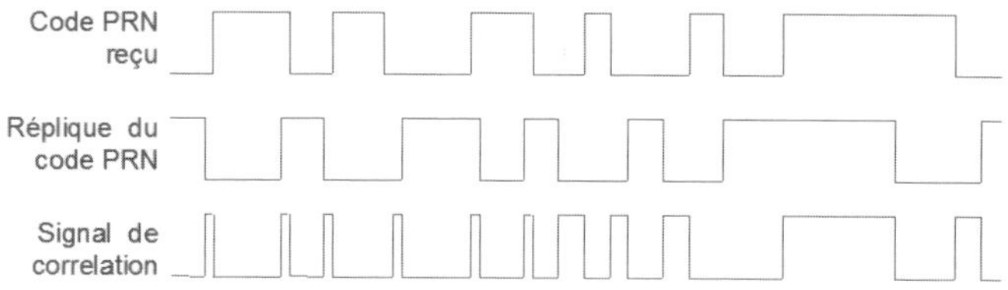


Figure 9–4 *Mauvaise corrélation du code PRN*

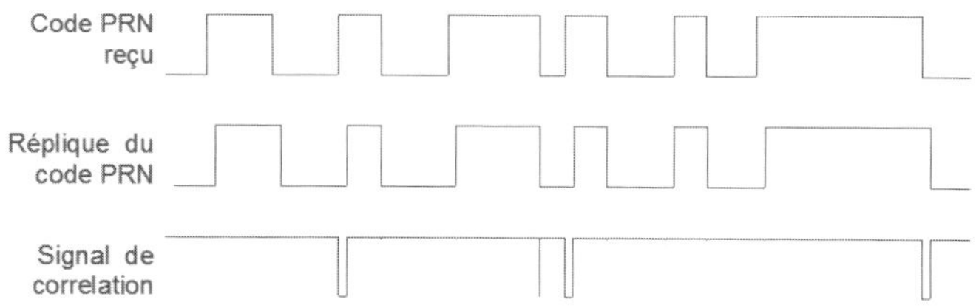


Figure 9–5 *Bonne corrélation du code PRN*

Lorsque le signal est parfaitement synchronisé à l'aide d'un oscillateur à verrouillage de phase numérique, les informations de navigation à 50 Hz sont à leur tour extraites du signal. Le déplacement permanent du satellite et, éventuellement, du récepteur induisent un décalage de fréquence (effet Doppler), que l'on mesure au moyen de l'oscillateur contrôlé pour en déduire la vitesse du récepteur.

# Informations émises par les satellites

La connaissance des informations transmises par les satellites n'est pas utile pour utiliser un récepteur GPS. Cependant, elle peut aider à comprendre certains fonctionnements. Par exemple, la toute première mise en service d'un récepteur GPS peut nécessiter jusqu'à douze minutes et demie, avant que l'appareil ne puisse indiquer une première position.

Chaque satellite transmet en permanence des informations pour que le récepteur détermine la position, l'heure et la date. Celles-ci comprennent l'heure de la transmission du message, la position et l'état de fonctionnement du satellite. Elles renseignent aussi sur les délais de propagation du signal, sur la correction nécessaire au calcul de l'heure UTC ainsi que sur l'état de la constellation.

Les informations émises par les satellites sont transmises sous la forme de trames de 1 500 bits et d'une durée de 30 secondes. Chacune se compose de 5 sous-trames de 300 bits, d'une durée de 6 secondes. Chaque sous-trame se divise en 10 mots de 30 bits. Une sous-trame commence par un mot de télémétrie (TLM), suivi d'un mot de livraison (HOW, *Hand Over Word*) indiquant l'heure de livraison de la sous-trame. La figure 9-6 résume les informations transmises par les satellites.

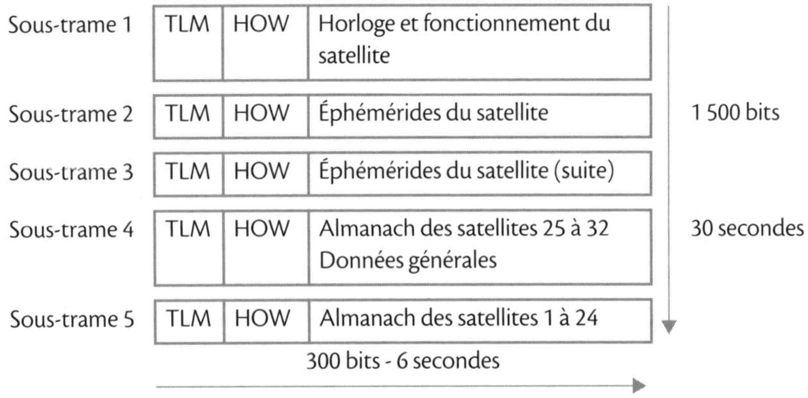


FIGURE 9-6 *Données de navigation*

## Mot de télémétrie (TLM)

Toutes les sous-trames débutent par un mot de télémétrie (TLM), émis toutes les 6 secondes, destiné à mesurer avec exactitude la distance du satellite.

| TLM | Préambule | Données | Parité |
|---|---|---|---|
| 30 bits | 8 bits | 16 bits | 6 bits |

Figure 9-7 *Mot de télémétrie*

Le mot de télémétrie (TLM) débute par un préambule de 8 bits, qui est connu et toujours le même (10001011). Il est utilisé par le récepteur pour identifier parfaitement le début de la trame afin de se synchroniser et de mesurer ainsi l'instant d'arrivée du message avec une grande précision.

## Mot de livraison (HOW)

Le mot de livraison HOW (*Hand Over Word*) sert à identifier l'heure à laquelle le dernier bit de la sous-trame a été émis.

| HOW | Heure de la semaine (TOW) | Données | Parité |
|---|---|---|---|
| 30 bits | 17 bits | 7 bits | 6 bits |

Figure 9-8 *Mot de livraison*

L'heure est donnée en secondes par rapport au début de la semaine en cours. Le champ de 17 bits donnant l'heure de la semaine est appelé TOW (*Time of Week*) ; il indique en fait le nombre de sous-trames transmises depuis le début de la semaine (le dimanche à 0 heure). Puisque chaque sous-trame dure exactement 6 secondes et que la première a débuté le dimanche à 0 heure (TOW = 1), l'heure exacte peut ainsi être déterminée par le récepteur GPS. L'horloge du récepteur est de la sorte remise à l'heure toutes les 6 secondes.

Le champ de 7 bits de données permet d'identifier le numéro de la sous-trame émise et renseigne également sur la validité du message reçu.

## Horloge et état de fonctionnement du satellite – Sous-trame 1

Les 10 premiers bits du troisième mot définissent le nombre de semaines écoulées depuis le 6 janvier 1980 (de 0 à 1 023 semaines). Il est intéressant de noter que toutes les 1 024 semaines, soit un peu moins de 20 ans, ce champ est remis à zéro (EOW, *End of Weeks*). Le récepteur GPS est chargé de maintenir la date lorsque ce phénomène se produit.

Dans cette sous-trame, un champ de 4 bits sert ensuite à définir la précision de la distance de l'utilisateur au satellite (URA, *User Range Accuracy*). Cette valeur indique la plus mauvaise précision prédite pour les 30 prochaines secondes. Elle est notée de 0, pour la meilleure, à 15 pour la plus mauvaise (voir figure 9-9). La valeur fixée par l'URA ne tient pas compte des délais introduits par les couches de l'ionosphère. C'est cette indication qui est utilisée avec la valeur HDOP par le récepteur pour calculer la précision affichée par l'appareil ; cette valeur est donc uniquement indicative et ne reflète pas toujours la précision réelle.

| URA | Précision *mètres* |
|---|---|
| 0 | 2,0 |
| 1 | 2,8 |
| 2 | 4,0 |
| 3 | 5,7 |
| 4 | 8,0 |
| 5 | 11,3 |
| 6 | 16,0 |
| 7 | 32,0 |

| URA | Précision *mètres* |
|---|---|
| 8 | 64,0 |
| 9 | 128,0 |
| 10 | 256,0 |
| 11 | 512,0 |
| 12 | 1 024,0 |
| 13 | 2 048,0 |
| 14 | 4 096,0 |
| 15 | Indéfinie |

FIGURE 9-9 *Précision des informations transmises (URA)*

Un champ de 6 bits renseigne sur l'état de fonctionnement du satellite. Il indique ainsi si le satellite n'est actuellement pas utilisable ou s'il ne sera bientôt plus utilisable temporairement. Lorsque le fonctionnement du satellite est normal, ce champ est à zéro.

Un champ de 10 bits, appelé IODC (*Issue of Data, Clock*), permet au récepteur de savoir, en ne testant que cette valeur, si des paramètres de correction ont été modifiés ; il réactualisera ainsi les informations concernant ce satellite. Le récepteur est de la sorte capable, s'il a été éteint depuis moins de 7 jours, de savoir si toutes les données qu'il possède concernant ce satellite sont à jour ou s'il doit le réactualiser.

Un champ de 8 bits ($T_{GD}$) donne une estimation des corrections à apporter sur le délai de groupe différentiel du satellite.

Cette sous-trame contient enfin toutes les corrections à propos du calcul de l'horloge et de la position du satellite. La sous-trame 1 est émise à chaque trame toutes les 30 secondes.

## Éphémérides du satellite – Sous-trames 2 et 3

Les sous-trames 2 et 3 contiennent les éphémérides du satellite. Elles sont émises à chaque trame toutes les 30 secondes et définissent l'orbite actuelle du satellite par rapport à l'heure GPS. Le récepteur est ainsi capable de calculer la position très exacte du satellite à partir de ces informations. Normalement, ces éphémérides sont continuellement mises à jour, mais le récepteur pourrait utiliser ces données pendant près de quatre heures sans que l'erreur introduite soit significative.

Un champ de 8 bits, nommé IODE (*Issue of Data, Ephemeris*), permet au récepteur, en ne testant que cette valeur, de savoir si des paramètres des éphémérides du satellite ont été modifiés, et de réactualiser ainsi les informations concernant ce satellite. Le champ IODE doit également être égal aux 8 bits de poids faible du champ IODC de la sous-trame 1. Le récepteur est ainsi capable, s'il a été éteint depuis moins de 6 heures, de savoir si toutes les éphémérides qu'il possède concernant ce satellite sont à jour.

## Almanach et informations – Sous-trames 4 et 5

La sous-trame 4 contient des informations d'ordre général telles que la correction entre l'heure GPS et l'heure UTC, la configuration des 32 satellites, ainsi qu'un modèle des délais de propagation des signaux dans les couches de l'ionosphère. Elle renferme également l'almanach des satellites 25 à 32, ainsi que leur état de fonctionnement. La sous-trame 5 contient l'almanach des satellites 1 à 24, ainsi que leur état de fonctionnement.

Les sous-trames 4 et 5 font partie d'un ensemble de 25 pages (numérotées de 1 à 25) qui composent la totalité des données d'information. Il faut douze minutes et demie pour émettre complètement ces 25 pages.

Un almanach définit l'orbite approximative de tous les satellites. L'almanach complet des satellites est réparti sur les pages 2 à 10 de la quatrième sous-trame, et sur les pages 1 à 24 de la cinquième sous-trame. L'almanach est réactualisé au moins tous les 6 jours ; cependant, il peut être utilisable pendant plusieurs mois par un récepteur. Un message de 22 caractères peut également être transmis dans cette sous-trame.

Chaque dimanche à 0 heure, 0 minute et 0 seconde, temps GPS, la séquence de transmission des trames et des sous-trames est initialisée et redémarre donc par la sous-trame 1 de la trame 1 de la page 1, indépendamment de ce qui avait été transmis précédemment. Au moment du changement, la réception d'une séquence complète peut prendre 13 minutes au lieu des 12 minutes et demie.

chapitre

# 10

# Intégrité et avenir du GPS

> *« Principe d'Antoine : Toute mécanique, particulièrement nautique, même la plus simple, connaît un état normal, naturel, stable, appelé* état de panne *; on peut dans certains cas, au prix d'efforts constants, et pour une durée toujours limitée, la maintenir dans un état anormal et parfaitement instable, appelé* état de marche. »
> *Mettre les voiles* – Antoine.

L'intégrité du GPS est un facteur crucial dans la fiabilité des informations reçues, surtout lorsque des vies humaines sont en jeu. Si un satellite détecte un problème interne, la défaillance sera reportée au récepteur dans les six secondes suivant son apparition. Les problèmes détectables par le satellite sont des informations de navigation incorrectes ou la défaillance d'un de ses éléments, comme une dérive anormale de son horloge.

Certains types de problèmes ne peuvent pas être détectés par le satellite ; ils le sont, en revanche, par les stations de contrôle au sol. La station maître corrige alors le problème ou arrête le satellite pour maintenance. Il est parfois utile d'être informé de l'arrêt d'un satellite ou de tout problème détecté, la précision fournie par le système pouvant s'en trouver dégradée. De nombreux moyens ont été mis à la disposition des utilisateurs afin qu'ils connaissent l'état actuel du système. Il est cependant intéressant de savoir que certains problèmes ne sont corrigés ou même simplement communiqués au récepteur qu'après plusieurs heures.

# Informations aux utilisateurs

L'état du système et toute information relative au GPS sont disponibles librement au centre de navigation des gardes-côtes américains (NAVCEN) accessible à l'adresse :

- http://www.navcen.uscg.gov

Les informations fournies concernent les performances actuelles du GPS, l'état de la constellation, les arrêts des satellites prévus ou en cours pour maintenance, ainsi que des informations techniques sur les satellites. Ces dernières sont fournies sous forme de bulletins appelés NANU (*Notice Advisory to Navstar Users*).

Les médias utilisés pour la transmission de ces informations sont les suivants.

- **Internet.** Les informations sur l'état de fonctionnement des satellites sont disponibles à l'adresse :

  http://www.navcen.uscg.gov/?Do=constellationStatus.
  La figure 10-1 en présente un exemple.
- **Courrier électronique.** Il est possible également de recevoir ces informations de façon automatique lors de tout changement en indiquant son adresse e-mail dans le menu du site :

  http://cgls.uscg.mil/mailman/listinfo/gps.

- **Téléphone.** Le répondeur automatique du NAVCEN, accessible au +1 703 313 5907, diffuse en permanence les principaux renseignements sur l'état actuel du GPS. Ce service est disponible 24 heures sur 24 ; il est cependant impératif de parler anglais pour le contacter.
- **Navtex.** Réseau mondial diffusant des informations destinées à la navigation sur la fréquence de 518 kHz ; celles concernant les problèmes de GPS sont diffusées 4 à 6 fois par jour.

Les informations du tableau suivant, obtenues par Internet depuis le centre NAVCEN, décrivent un exemple de l'état des satellites en activité.

www.navcen.uscg.gov/?Do=constellationStatus

GPS CONSTELLATION STATUS FOR 07/21/2011

| PLANE | SLOT | SVN | PRN | BLOCK-TYPE | CLOCK | OUTAGE DATE | NANU-TYPE | NANU-SUBJECT |
|---|---|---|---|---|---|---|---|---|
| A | 1 | 39 | 9 | IIA | CS | | | |
| A | 2 | 52 | 31 | IIR-M | RB | | | |
| A | 3 | 38 | 8 | IIA | CS | | | |
| A | 4 | 48 | 7 | IIR-M | RB | | | |
| A | 6 | 27 | 27 | IIA | RB | | | |
| B | 1 | 56 | 16 | IIR | RB | | | |
| B | 2 | 30 | 30 | IIA | CS | 13 MAY 2011 | UNUSUFN | 2011042 - SVN30 (PRN30) UNUSABLE JDAY 133/2055 - UNTIL FURTHER NOTICE |
| B | 3 | 44 | 28 | IIR | RB | | | |
| B | 4 | 58 | 12 | IIR-M | RB | | | |
| B | 5 | 62 | 25 | IIF | RB | | | |
| B | 6 | 49 | 1 | IIR-M | RB | | | |
| C | 1 | 57 | 29 | IIR-M | RB | | | |
| C | 2 | 33 | 3 | IIA | CS | | | |
| C | 3 | 59 | 19 | IIR | RB | | | |
| C | 4 | 53 | 17 | IIR-M | RB | | | |
| C | 6 | 36 | 6 | IIA | RB | | | |
| D | 1 | 61 | 2 | IIR | RB | | | |
| D | 2 | 46 | 11 | IIR | RB | | | |
| D | 3 | 45 | 21 | IIR | RB | | | |
| D | 4 | 34 | 4 | IIA | RB | | | |
| D | 5 | 24 | 24 | IIA | CS | | | |
| E | 1 | 51 | 20 | IIR | RB | | | |
| E | 2 | 47 | 22 | IIR | RB | | | |
| E | 4 | 54 | 18 | IIR | RB | | | |
| E | 5 | 23 | 32 | IIA | RB | | | |
| E | 6 | 50 | 5 | IIR-M | RB | | | |
| E | 13 | 40 | 10 | IIA | CS | | | |
| F | 1 | 41 | 14 | IIR | RB | | | |
| F | 2 | 55 | 15 | IIR-M | RB | | | |
| F | 3 | 43 | 13 | IIR | RB | | | |
| F | 4 | 60 | 23 | IIR | RB | | | |
| F | 5 | 26 | 26 | IIA | RB | | | |
| GENERAL INFORMATION NANUs | | | | | | | | |
| NOTICE ADVISORY TO NAVSTAR USERS (NANU) 2011026 NANU TYPE: GENERAL | | | | | | | | |
| *** GENERAL MESSAGE TO ALL GPS USERS *** | | | | | | | | |

Figure 10-1 *NANU : bulletin d'informations aux utilisateurs du GPS*

Les informations fournies par les bulletins NANU sont les suivantes.

- *PLANE* indique l'orbite du satellite : la lettre, de A à F, définit l'une des 6 orbites.
- *SLOT* indique la position du satellite occupée sur son orbite.
- *SVN* (*Space Vehicle Number*) indique le numéro du satellite.
- *PRN* (*Pseudo Random Noise*) définit le numéro du générateur pseudo-aléatoire utilisé pour identifier le satellite. C'est le numéro de PRN, et non celui du satellite SVN, qui est affiché par les récepteurs GPS.
- *BLOCK-TYPE* définit le bloc et donc le type de satellite (voir la section « Segment spatial » au chapitre 1).
- *CLOCK* définit l'horloge actuellement utilisée par le satellite : césium (CS) ou rubidium (RB).
- *OUTAGE DATE* indique la date d'affichage de la défaillance ou de la maintenance.
- *NANU-TYPE* indique les prévisions de maintenance, les défaillances non planifiées ainsi que la mise en service de nouveaux satellites :
- *FCSTDV*. L'orbite du satellite va être ajustée : le récepteur devra recharger l'almanach à la fin de la procédure.
- *FCSTMX*. Arrêt du satellite pour maintenance.
- *FCSTEXTD*. Extension d'un avis précédent.
- *FCSTSUMM*. À la fin d'une intervention, donne un résumé du temps complet de l'arrêt du satellite, y compris les extensions.
- *FCSTCANC*. Annulation d'une précédente intervention planifiée.
- *FCSTRECD*. Annulation d'une précédente intervention planifiée et report à une nouvelle date.
- *UNUSUFN*. Le satellite n'est plus utilisable pour une durée indéterminée.
- *UNUSABLE*. Fin d'avis de satellite non utilisable. Indique la durée totale de l'incident.
- *UNUNOREF*. Indique qu'un satellite a cessé de fonctionner mais a été remis en service avant qu'un avis n'ait été diffusé.
- *USABINIT*. Indique qu'un nouveau satellite a été mis en service pour la première fois.
- *LEAPSEC*. Indique qu'une seconde sera bientôt ajoutée au temps UTC. Le temps GPS n'est en revanche jamais modifié.
- *NANU-SUBJECT* décrit la défaillance ou la maintenance en détail.

# L'avenir du GPS

En moins de dix ans, le système GPS a été unanimement adopté dans le monde entier et les autres systèmes de positionnement ont peu à peu été abandonnés. Cependant, le GPS souffre d'un grave défaut : sa disponibilité et sa précision dépendent entièrement des volontés du gouvernement américain.

Afin de réduire cette dépendance, d'importants projets ont été développés ou sont actuellement à l'étude dans plusieurs pays. De nombreux systèmes de correction différentielle ont été mis en place. Les anciennes balises Loran-C ont été réhabilitées pour transmettre des informations de corrections différentielles et pour offrir une solution alternative temporaire au GPS. Le Consortium européen de télécommunication par satellites, Inmarsat, fournit des informations de radionavigation à partir de ses quatre satellites géostationnaires. Le système Egnos permet aujourd'hui à l'Europe, dans un premier temps, d'être moins tributaire de la disponibilité du système américain et de fournir une précision de l'ordre de un mètre.

# Modernisation du GPS

## GPS IIR(M)

Afin d'améliorer la précision du GPS, un code destiné aux civils (nommé L2C) a été ajouté au signal L2, normalement réservé aux militaires, en modifiant les satellites du bloc IIR. Le premier satellite de type IIR(M) intégrant ce nouveau signal pour les civils a été lancé le 25 septembre 2005. L'adjonction de ce code permettra aux récepteurs civils équipés de cette technologie de corriger l'erreur introduite par l'ionosphère et d'améliorer ainsi la précision par un facteur deux lorsque 24 satellites seront en service vers 2016, tout en assurant une meilleure réception en milieux difficiles comme en ville, à l'intérieur d'édifice ou sous les arbres.

## GPS IIF

Le signal L2 étant à peu près inutilisable près des aéroports, en raison des interférences causées par les émissions des radars, il a été décidé par le gouvernement américain d'ajouter un troisième signal, nommé L5 (1 176,45 MHz), afin que l'aviation civile soit dotée d'un système de positionnement de couverture mondiale. Avec l'adjonction de ce signal et l'amélioration technique des satellites du bloc IIF lancés depuis mai 2010, le système GPS garantira une précision inférieure à un mètre aux récepteurs équipés de cette technologie lorsque 24 satellites seront en service vers 2019, tout en offrant une meilleure intégrité du système quel que soit le lieu.

### GPS III

À partir de 2014, les premiers satellites GPS III seront lancés : leurs signaux beaucoup plus puissants garantiront une meilleure réception, même dans des conditions très difficiles. Ces satellites émettrons un nouveau signal civil L1C compatible et interopérable avec le système européen Egnos et tous les nouveaux systèmes de positionnement par satellites qui devraient voir le jour (QZSS au Japon, IRNSS en Inde, Compass en Chine...). Le GPS III devrait être tout à fait opérationnel vers 2021 lorsque 24 satellites seront en service.

## Egnos

L'intégrité du système GPS + Egnos est aujourd'hui proche de 100 %. Des opérations critiques, telles que les phases d'atterrissage des avions, peuvent être entreprises avec l'assurance de la précision et de l'intégrité des informations données durant toute la phase cruciale.

L'extension d'Egnos à toute l'Afrique, au Moyen-Orient et à l'Europe de l'Est est prévue. Le système Egnos pourrait facilement être étendu demain à d'autres zones, telles que l'Amérique du Sud ou l'Asie si des stations de contrôle terrestre étaient installées dans ces zones géographiques.

Egnos est une première étape dans le programme européen Galileo de positionnement par satellites. Il propose des services proches de ceux qui seront fournis par Galileo, principalement en matière d'intégrité des messages, tout en restant cependant tributaire du système GPS. Lorsqu'il sera disponible, Egnos sera capable de prendre en charge le nouveau signal L5 du GPS (voir la section suivante « Les autres systèmes ») aussi bien que le système Galileo.

# Les autres systèmes

## Le système russe Glonass

Glonass (*Global Navigation Satellite System*) est le système de navigation par satellites russe. À l'instar du GPS, il ne présente pas de dégradation volontaire par l'armée ; cependant, il est beaucoup moins précis que le GPS. Contrairement à celui-ci, les satellites Glonass émettent tous sur des fréquences différentes, rendant les récepteurs plus complexes et plus chers à fabriquer que les récepteurs GPS ; il existe peu de récepteurs Glonass bon marché.

Après la chute de l'URSS, le système Glonass était très mal entretenu et présentait de nombreux dysfonctionnements. Après 2002, le gouvernement russe s'est engagé à financer le lancement de nouveaux satellites. La constellation est aujourd'hui opérationnelle avec en 2011, 27 satellites dont 23 opérationnels offrant une disponibilité globale du système sur l'ensemble de la planète de 99,4 %.

## Le système européen Galileo

L'Europe développe aujourd'hui son propre système de navigation par satellites. Avec le projet Galileo, elle devrait aux environs de 2014 posséder une totale autonomie vis-à-vis du système américain. La phase de développement, qui a officiellement été approuvée par le Conseil européen le 26 mars 2002, a abouti au lancement d'un premier satellite expérimental, Giove-A (*Galileo In-Orbit Validation Element*), le 28 décembre 2005. La phase d'exploitation devrait débuter en 2014, après le déploiement du système avec le lancement des 18 premiers satellites Galileo opérationnels, dont le premier a été lancé en 2011, et la mise en place du segment terrestre.

Lorsqu'il sera complètement opérationnel, le système Galileo sera constitué d'une constellation de 30 satellites[1] en orbite à une altitude de 23 616 km (donc légèrement supérieure aux satellites GPS circulant à 20 200 km) et du segment de contrôle terrestre. Comme le GPS, les fré-

1. 27 satellites seront en service et 3 en secours.

quences d'émission des satellites Galileo sont prévues dans la bande L, ce qui simplifie la conception des récepteurs compatibles GPS/Galileo.

Cinq niveaux de services seront fournis par Galileo. Seul le premier (OS, *Open Service*), garantissant une précision horizontale de 15 mètres en horizontal sur une seule fréquence ou de 4 mètres sur deux fréquences, sera d'accès libre et gratuit.

Les autres, payants ou d'accès contrôlé, seront destinés à des applications professionnelles, comme la navigation aérienne nécessitant une grande précision, ou les services de sécurité exigeant une disponibilité permanente. Le niveau commercial (CS, *Commercial Service*) fournira une précision inférieure au mètre.

Le niveau destiné aux services d'urgence et de sécurité (SoL, *Safety-of-Live*) fournira une précision identique au niveau libre mais avec une disponibilité garantie. L'utilisation des réseaux téléphoniques comme le GSM et l'UMTS, prévus dès la phase de conception, permettra d'améliorer la couverture et la disponibilité du système dans les lieux de mauvaise réception des signaux provenant des satellites.

Le quatrième niveau, réservé aux services gouvernementaux (PRS, *Public Regulated Services*) comme la protection civile ou la sécurité nationale, offrira une plus grande protection contre le brouillage ou toute autre agression.

Un cinquième service pour les recherches et secours (SAR, *Search and Rescue*) retransmettra les messages d'alerte émis par des balises de détresse avec une couverture mondiale et une précision de quelques mètres.

Le système Galileo étant interopérable avec le GPS III, un même récepteur pourra donc utiliser les signaux des deux systèmes afin d'augmenter la couverture et la précision. Il faudra cependant utiliser de nouveaux récepteurs compatibles avec les signaux GPS III et Galileo.

## Le système chinois Beidou/Compass

La Chine déploie également son propre système de navigation par satellites avec le lancement des premiers satellites en 2000. Ce système, appelé Beidou, couvre pour l'instant seulement la Chine grâce à cinq satellites géostationnaires.

L'extension du système au reste de la planète, grâce à des satellites en orbite moyenne, devrait être totalement opérationnelle vers 2020 et formera le système Compass. Il sera composé de 30 satellites en orbite moyenne et de 5 en orbite géostationnaire.

# Conclusion

Le GPS restera au moins jusqu'en 2014 le système de positionnement universellement employé. Les récepteurs GPS ne cessent de se miniaturiser et leur prix de chuter. Ils seront bientôt dotés de dispositifs intégrés qui amélioreront la performance en utilisant d'autres informations, et garantiront une meilleure intégrité du système. Des récepteurs multisystèmes sont déjà en développement ou en projet. À partir de 2014, il est probable que les récepteurs de positionnement seront pour la plupart capables d'utiliser des signaux provenant des systèmes GPS, Galileo et d'autres systèmes pour établir une position, quelles que soient les conditions de réception. Des systèmes de positionnement se servant des informations provenant des réseaux de téléphonie GSM ou UMTS sont également en développement. Si un des systèmes venait à défaillir ou ne permettait plus de donner une position avec précision, les informations d'un autre système seraient alors utilisées.

La disponibilité et la précision du système ne vont cesser de s'accroître, notamment dans les villes où la réception est actuellement difficile. Les systèmes de positionnement deviendront alors aussi courants, omniprésents et indispensables que le téléphone ou la télévision.

annexe

A

# Table de translation des datums

La table suivante donne la liste des principaux systèmes géodésiques utilisés dans le monde avec cinq paramètres de translation pour passer du système local au système WGS 84 (sources IGN et NIMA). On se reportera à la section *Utilisation de cartes étrangères,* présentée au chapitre 6, pour configurer un récepteur GPS dans un système propre à l'utilisateur. Dans tous les cas, cette fonction doit être utilisée avec la plus grande minutie.

| Pays ou région | Système géodésique | DX | DY | DZ | DA | DF |
|---|---|---|---|---|---|---|
| Açores : îles Corvo & Flores | Observatorio Meteorologico 1939 | -425 | -169 | 81 | -251 | -0,0000141927 |
| Açores : îles Faial, Graciosa, Pico, Sao Jorge & Terceira | Graciosa Base SW 1948 | -104 | 167 | -38 | -251 | -0,0000141927 |
| Açores : îles Sâo Miguel & Santa Maria | Sao Braz | -203 | 141 | 53 | -251 | -0,0000141927 |
| Afghanistan | Herat North | -333 | -222 | 114 | -251 | -0,0000141927 |
| Afrique du Sud | Cape | -136 | -108 | -292 | -112 | -0,0000547507 |
| Alaska | North American 1927 | -5 | 135 | 172 | -69 | -0,0000372646 |
| Alaska | North Amer. 1983 | 0 | 0 | 0 | 0 | 0,0000000000 |
| Albanie | S-42 Pulkovo 1942 | 24 | -130 | -92 | -108 | 0,0000004808 |
| Aléoutiennes (îles) | North Amer. 1983 | -2 | 0 | 4 | 0 | 0,0000000000 |
| Aléoutiennes (îles) à l'est de 180° | North American 1927 | -2 | 152 | 149 | -69 | -0,0000372646 |
| Aléoutiennes (îles) à l'ouest de 180° | North American 1927 | 2 | 204 | 105 | -69 | -0,0000372646 |
| Algérie | North Sahara 1959 | -186 | -93 | 310 | -112 | -0,0000547507 |
| Algérie | Voirol 1960 | -123 | -206 | 219 | -112 | -0,0000547507 |
| Allemagne | European 1950 | -87 | -96 | -120 | -251 | -0,0000141927 |
| Angleterre | Ordnance Survey Great Britain 1936 | 371 | -112 | 434 | 574 | 0,0000119600 |
| Angleterre | European 1950 | -86 | -96 | -120 | -251 | -0,0000141927 |
| Antarctique | Camp Area Astro | -104 | -129 | 239 | -251 | -0,0000141927 |
| Antigua-et-Barbuda | Antigua Island Astro 1943 | -270 | 13 | 62 | -112 | -0,0000547507 |

| Pays ou région | Système géodésique | DX | DY | DZ | DA | DF |
|---|---|---|---|---|---|---|
| Arabes Unis (Émirats) | Nahrwan | -249 | -156 | 381 | -112 | -0,0000547507 |
| Arabie Saoudite | Ain el Abd 1970 | -143 | -236 | 7 | -251 | -0,0000141927 |
| Arabie Saoudite | European 1950 | -103 | -106 | -141 | -251 | -0,0000141927 |
| Arabie Saoudite | Nahrwan | -243 | -192 | 477 | -112 | -0,0000547507 |
| Argentine | Campo Inchauspe | -148 | 136 | 90 | -251 | -0,0000141927 |
| Argentine | South Amer. 1969 | -62 | -1 | -37 | -23 | -0,0000000812 |
| Ascension (île de l') | Ascension Island 1958 | -205 | 107 | 53 | -251 | -0,0000141927 |
| Australie | Australian Geodetic 1984 | -134 | -48 | 149 | -23 | -0,0000000812 |
| Australie | Australian Geodetic 1966 | -133 | -48 | 148 | -23 | -0,0000000812 |
| Autriche | European 1950 | -87 | -98 | -121 | -251 | -0,0000141927 |
| Bahamas | Cape Canaveral | -2 | 151 | 181 | -69 | -0,0000372646 |
| Bahamas : excepté l'île de San Salvador | North American 1927 | -4 | 154 | 178 | -69 | -0,0000372646 |
| Bahamas : île de San Salvador | North American 1927 | 1 | 140 | 165 | -69 | -0,0000372646 |
| Bahreïn | Ain el Abd 1970 | -150 | -250 | -1 | -251 | -0,0000141927 |
| Bangka (île) | Bukit Rimpah | -384 | 664 | -48 | 740 | 0,0000100375 |
| Bangladesh | Indian | 282 | 726 | 254 | 861 | 0,0000283614 |
| Belgique | European 1950 | -87 | -98 | -121 | -251 | -0,0000141927 |
| Belitung (île) | Bukit Rimpah | -384 | 664 | -48 | 740 | 0,0000100375 |
| Belize | North American 1927 | 0 | 125 | 194 | -69 | -0,0000372646 |
| Bermudes | Bermuda 1957 | -73 | 213 | 296 | -69 | -0,0000372646 |

| Pays ou région | Système géodésique | DX | DY | DZ | DA | DF |
|---|---|---|---|---|---|---|
| Bolivie | Provisional South American 1956 | -270 | 188 | -388 | -251 | -0,0000141927 |
| Bolivie | South Amer. 1969 | -61 | 2 | -48 | -23 | -0,0000000812 |
| Bornéo | Gunung Segara | -403 | 684 | 41 | 740 | 0,0000100375 |
| Bosnie-herzégovine | Hermannskogel | 653 | -212 | 449 | 653 | 0,0000100375 |
| Botswana | Arc 1950 | -138 | -105 | -289 | -112 | -0,0000547507 |
| Brésil | Corrego Alegre | -206 | 172 | -6 | -251 | -0,0000141927 |
| Brésil | South Amer. 1969 | -60 | -2 | -41 | -23 | -0,0000000812 |
| Brunei (Sultanat de) | Timbalai 1948 | -679 | 669 | -48 | 838 | 0,0000283614 |
| Burkina Faso | Point 58 | -106 | -129 | 165 | -112 | -0,0000547507 |
| Burkina Faso | Adindan | -118 | -14 | 218 | -112 | -0,0000547507 |
| Burundi | Arc 1950 | -153 | -5 | -292 | -112 | -0,0000547507 |
| Caïcos (îles) | North American 1927 | -3 | 142 | 183 | -69 | -0,0000372646 |
| Caïmans (îles) | L. C. 5 Astro 1961 | 42 | 124 | 147 | -69 | -0,0000372646 |
| Cameroun | Adindan | -134 | -2 | 210 | -112 | -0,0000547507 |
| Cameroun | Minna | -81 | -84 | 115 | -112 | -0,0000547507 |
| Canada | North American 1927 | -10 | 158 | 187 | -69 | -0,0000372646 |
| Canada | North Amer. 1983 | 0 | 0 | 0 | 0 | 0,0000000000 |
| Canaries (îles) | Pico de las Nieves | -307 | -92 | 127 | -251 | -0,0000141927 |
| Carolines (îles) | Kusaie Astro 1951 | 647 | 1777 | -1124 | -251 | -0,0000141927 |
| Chatham (îles) | Chatham Island Astro 1971 | 175 | -38 | 113 | -251 | -0,0000141927 |
| Chili | South Amer. 1969 | -75 | -1 | -44 | -23 | -0,0000000812 |
| Chili (Nord) | Provisional South American 1956 | -270 | 183 | -390 | -251 | -0,0000141927 |

| Pays ou région | Système géodésique | DX | DY | DZ | DA | DF |
|---|---|---|---|---|---|---|
| Chili (Sud) | Provisional South American 1956 | -305 | 243 | -442 | -251 | -0,0000141927 |
| Chypre | European 1950 | -104 | -101 | -140 | -251 | -0,0000141927 |
| Coco (îles) | Anna 1 Astro 1965 | -491 | -22 | 435 | -23 | -0,0000000812 |
| Colombie | Bogota Observatory | 307 | 304 | -318 | -251 | -0,0000141927 |
| Colombie | Provisional South American 1956 | -282 | 169 | -371 | -251 | -0,0000141927 |
| Colombie | South Amer. 1969 | -44 | 6 | -36 | -23 | -0,0000000812 |
| Côn Soon (île) | Indian 1960 | 182 | 915 | 344 | 861 | 0,0000283614 |
| Congo | Pointe Noire 1948 | -148 | 51 | -291 | -112 | -0,0000547507 |
| Congo (République démocratique du) | Arc 1950 | -169 | -19 | -278 | -112 | -0,0000547507 |
| Corée du Sud | Korean Geodetic System | 0 | 0 | 0 | 0 | 0,0000000000 |
| Corée du Sud | Tokyo | -147 | 506 | 687 | 740 | 0,0000100375 |
| Costa Rica | North American 1927 | 0 | 125 | 194 | -69 | -0,0000372646 |
| Croatie | Hermannskogel | 653 | -212 | 449 | 653 | 0,0000100375 |
| Cuba | North American 1927 | -9 | 152 | 178 | -69 | -0,0000372646 |
| Danemark | European 1950 | -87 | -98 | -121 | -251 | -0,0000141927 |
| Diego Garcia | ISTS 073 Astro 1969 | 208 | -435 | -229 | -251 | -0,0000141927 |
| Djibouti | Ayabelle Lighthouse | -79 | -129 | 145 | -112 | -0,0000547507 |
| Dominicaine (Rép.) | North American 1927 | -3 | 142 | 183 | -69 | -0,0000372646 |
| Écosse | European 1950 | -86 | -96 | -120 | -251 | -0,0000141927 |

| Pays ou région | Système géodésique | DX | DY | DZ | DA | DF |
|---|---|---|---|---|---|---|
| Écosse | Ordnance Survey Great Britain 1936 | 384 | -111 | 425 | 574 | 0,0000119600 |
| Éfaté (île) | Bellevue | -127 | -769 | 472 | -251 | -0,0000141927 |
| Égypte | European 1950 | -130 | -117 | -151 | -251 | -0,0000141927 |
| Égypte | Old Egyptian 1907 | -130 | 110 | -13 | -63 | 0,0000004808 |
| Équateur | Provisional South American 1956 | -278 | 171 | -367 | -251 | -0,0000141927 |
| Équateur | South Amer. 1969 | -48 | 3 | -44 | -23 | -0,0000000812 |
| Erromango (îles) | Bellevue | -127 | -769 | 472 | -251 | -0,0000141927 |
| Érythrée | Massawa | 639 | 405 | 60 | 740 | 0,0000100375 |
| Espagne | European 1950 | -84 | -107 | -120 | -251 | -0,0000141927 |
| Espiritu Santo (îles) | Santo (DOS) 1965 | 170 | 42 | 84 | -251 | -0,0000141927 |
| Estonie | Estonia ; Coordinate System 1937 | 374 | 150 | 588 | 740 | 0,0000100375 |
| États-Unis | North American 1927 | -8 | 160 | 176 | -69 | -0,0000372646 |
| États-Unis | North Amer. 1983 | 0 | 0 | 0 | 0 | 0,0000000000 |
| Éthiopie | Adindan | -165 | -11 | 206 | -112 | -0,0000547507 |
| Falkland (îles) | Sapper Hill 1943 | -355 | 21 | 72 | -251 | -0,0000141927 |
| Fiji (îles) | Viti Levu 1916 | 51 | 391 | -36 | -112 | -0,0000547507 |
| Finlande | European 1950 | -87 | -98 | -121 | -251 | -0,0000141927 |
| Floride | Cape Canaveral | -2 | 151 | 181 | -69 | -0,0000372646 |
| France | European 1950 | -84 | -97 | -117 | -251 | -0,0000141927 |
| Gabon | M'Poraloko | -74 | -130 | 42 | -112 | -0,0000547507 |
| Galápagos (îles) | South Amer. 1969 | -47 | 26 | -42 | -23 | -0,0000000812 |
| Ghana | Leigon | -130 | 29 | 364 | -112 | -0,0000547507 |
| Grand Cayman (île) | North American 1927 | -3 | 142 | 183 | -69 | -0,0000372646 |

| Pays ou région | Système géodésique | DX | DY | DZ | DA | DF |
|---|---|---|---|---|---|---|
| Grèce | European 1950 | -84 | -95 | -130 | -251 | -0,0000141927 |
| Groenland | North American 1927 | 11 | 114 | 195 | -69 | -0,0000372646 |
| Groenland | Qornoq | 164 | 138 | -189 | -251 | -0,0000141927 |
| Guadalcanal (île) | GUX 1 Astro | 252 | -209 | -751 | -251 | -0,0000141927 |
| Guadeloupe : Basse-Terre, Grande-Terre, Désirade, Marie-Galante & Saintes | Ste-Anne GUAD48 | -467 | -16 | -300 | -251 | -0,0000141927 |
| Guadeloupe : Saint-Martin & Saint-Barthélemy | Fort-Marigot STMART | 137 | 248 | -430 | -251 | -0,0000141927 |
| Guam (île) | Guam 1963 | -100 | -248 | 259 | -69 | -0,0000372646 |
| Guatemala | North American 1927 | 0 | 125 | 194 | -69 | -0,0000372646 |
| Guinée | Dabola | -83 | 37 | 124 | -112 | -0,0000547507 |
| Guinée-Bissau | Bissau | -173 | 253 | 27 | -251 | -0,0000141927 |
| Guyane | Provisional South American 1956 | -298 | 159 | -369 | -251 | -0,0000141927 |
| Guyane | South Amer. 1969 | -53 | 3 | -47 | -23 | -0,0000000812 |
| Guyane | CSG 1967 | -186 | 230 | 110 | -251 | -0,0000141927 |
| Guyane | RGFG95 | 2 | 2 | -2 | 0 | 0,0000000000 |
| Hawaii | North Amer. 1983 | 1 | 1 | -1 | 0 | 0,0000000000 |
| Hawaii | Old Hawaiian | 89 | -279 | -183 | -69 | -0,0000372646 |
| Honduras | North American 1927 | 0 | 125 | 194 | -69 | -0,0000372646 |
| Hong-Kong | Hong Kong 1963 | -156 | -271 | -189 | -251 | -0,0000141927 |
| Hongrie | S-42 Pulkovo 1942 | 28 | -121 | -77 | -108 | 0,0000004808 |

| Pays ou région | Système géodésique | DX | DY | DZ | DA | DF |
|---|---|---|---|---|---|---|
| Inde | Indian | 295 | 736 | 257 | 836 | 0,0000283614 |
| Indonésie | Indonesian 1974 | -24 | -15 | 5 | -23 | -0,0000001149 |
| Iôjima (île) | Astro Beacon E 1945 | 145 | 75 | -272 | -251 | -0,0000141927 |
| Irak | European 1950 | -103 | -106 | -141 | -251 | -0,0000141927 |
| Iran | European 1950 | -117 | -132 | -164 | -251 | -0,0000141927 |
| Irlande | European 1950 | -86 | -96 | -120 | -251 | -0,0000141927 |
| Irlande | Ireland 1965 | 506 | -122 | 611 | 797 | 0,0000119600 |
| Islande | Hjorsey 1955 | -73 | 46 | -86 | -251 | -0,0000141927 |
| Israël | European 1950 | -103 | -106 | -141 | -251 | -0,0000141927 |
| Italie | European 1950 | -87 | -98 | -121 | -251 | -0,0000141927 |
| Jamaïque | North American 1927 | -3 | 142 | 183 | -69 | -0,0000372646 |
| Japon | Tokyo | -148 | 507 | 685 | 740 | 0,0000100375 |
| Jordanie | European 1950 | -103 | -106 | -141 | -251 | -0,0000141927 |
| Kauai (île) | Old Hawaiian | 45 | -290 | -172 | -69 | -0,0000372646 |
| Kazakhstan | S-42 Pulkovo 1942 | 15 | -130 | -84 | -108 | 0,0000004808 |
| Kenya | Arc 1960 | -157 | -2 | -299 | -112 | -0,0000547507 |
| Kerguelen (îles) | Kerguelen Island 1949 | 145 | -187 | 103 | -251 | -0,0000141927 |
| Koweït | European 1950 | -103 | -106 | -141 | -251 | -0,0000141927 |
| Lesotho | Arc 1950 | -125 | -108 | -295 | -112 | -0,0000547507 |
| Lettonie | S-42 Pulkovo 1942 | 24 | -124 | -82 | -108 | 0,0000004808 |
| Liban | European 1950 | -103 | -106 | -141 | -251 | -0,0000141927 |
| Liberia | Liberia 1964 | -90 | 40 | 88 | -112 | -0,0000547507 |
| Luxembourg | European 1950 | -87 | -98 | -121 | -251 | -0,0000141927 |
| Madagascar | Tananarive Observatory 1925 | -189 | -242 | -91 | -251 | -0,0000141927 |

| **Pays ou région** | **Système géodésique** | **DX** | **DY** | **DZ** | **DA** | **DF** |
|---|---|---|---|---|---|---|
| Madère (archipel de) | Porto Santo 1936 | -499 | -249 | 314 | -251 | -0,0000141927 |
| Mahé (île) | Mahe 1971 | 41 | -220 | -134 | -112 | -0,0000547507 |
| Malawi | Arc 1950 | -161 | -73 | -317 | -112 | -0,0000547507 |
| Malaysia | Timbalai 1948 | -679 | 669 | -48 | 838 | 0,0000283614 |
| Malaysia (Ouest) | Kertau 1948 | -11 | 851 | 5 | 833 | 0,0000283614 |
| Maldives | Gan 1970 | -133 | -321 | 50 | -251 | -0,0000141927 |
| Mali | Adindan | -123 | -20 | 220 | -112 | -0,0000547507 |
| Malte | European 1950 | -107 | -88 | -149 | -251 | -0,0000141927 |
| Man (île de) | Ordnance Survey Great Britain 1936 | 371 | -111 | 434 | 574 | 0,0000119600 |
| Marcus (île) | Astronomical Station 1952 | 124 | -234 | -25 | -251 | -0,0000141927 |
| Maroc | Merchich | 31 | 146 | 47 | -112 | -0,0000547507 |
| Marquises (îles) | Nuku Hiva IGN72 | 84 | 274 | 65 | -251 | -0,0000141927 |
| Marshall (îles) | Wake-Eniwetok 1960 | 102 | 52 | -38 | -133 | -0,0000141927 |
| Martinique | Fort-Desaix MART38 | 186 | 482 | 151 | -251 | -0,0000141927 |
| Mascareignes (îles) | Reunion | 94 | -948 | -1262 | -251 | -0,0000141927 |
| Masirah (île) | Nahrwan | -247 | -148 | 369 | -112 | -0,0000547507 |
| Maui (île) | Old Hawaiian | 65 | -290 | -190 | -69 | -0,0000372646 |
| Mayotte | Combani 1950 | -382 | -59 | -262 | -251 | -0,0000141927 |
| Mexique | North American 1927 | -12 | 130 | 190 | -69 | -0,0000372646 |
| Mexique | North Amer. 1983 | 0 | 0 | 0 | 0 | 0,0000000000 |
| Midway (îles) | Midway Astro 1961 | 912 | -58 | 1227 | -251 | -0,0000141927 |
| Mindanao (île) | Luzon | -133 | -79 | -72 | -69 | -0,0000372646 |

| Pays ou région | Système géodésique | DX | DY | DZ | DA | DF |
|---|---|---|---|---|---|---|
| Montserrat (île) | Montserrat Island Astro 1958 | 174 | 359 | 365 | -112 | -0,0000547507 |
| Namibie | Schwarzeck | 616 | 97 | -251 | 653 | 0,0000100375 |
| Népal | Indian | 295 | 736 | 257 | 836 | 0,0000283614 |
| Nicaragua | North American 1927 | 0 | 125 | 194 | -69 | -0,0000372646 |
| Niger | Point 58 | -106 | -129 | 165 | -112 | -0,0000547507 |
| Nigeria | Minna | -92 | -93 | 122 | -112 | -0,0000547507 |
| Norvège | European 1950 | -87 | -95 | -120 | -251 | -0,0000141927 |
| Nouvelle-Calédonie | RGNC91-93 | 0 | 0 | 0 | 0 | 0,0000000000 |
| Nouvelle-Calédonie | IGN72 Grande-Terre | -12 | -349 | 292 | -251 | -0,0000141927 |
| Nouvelle-Calédonie | IGN56 Lifou | 335 | 223 | -231 | -251 | -0,0000141927 |
| Nouvelle-Calédonie | IGN53 Maré | 288 | 178 | -135 | -251 | -0,0000141927 |
| Nouvelle-Calédonie | ST87 Ouvéa | -56 | 16 | -23 | 0 | 0,0000000000 |
| Nouvelle-Calédonie | Nouméa 74 | -10 | -350 | 291 | -251 | -0,0000141927 |
| Nouvelle-Géorgie (îles de la) | DOS 1968 | 230 | -199 | -752 | -251 | -0,0000141927 |
| Nouvelle-Zélande | Geodetic Datum 1949 | 84 | -22 | 209 | -251 | -0,0000141927 |
| Oahu (île) | Old Hawaiian | 58 | -283 | -182 | -69 | -0,0000372646 |
| Okinawa (île d') | Tokyo | -158 | 507 | 676 | 740 | 0,0000100375 |
| Oman | Oman | -346 | -1 | 224 | -112 | -0,0000547507 |
| Pakistan | Indian | 283 | 682 | 231 | 827 | 0,0000283614 |

| Pays ou région | Système géodésique | DX | DY | DZ | DA | DF |
|---|---|---|---|---|---|---|
| Pâques (île de) | Easter Island 1967 | 211 | 147 | 111 | -251 | -0,0000141927 |
| Paraguay | Chua Astro | -134 | 229 | -29 | -251 | -0,0000141927 |
| Paraguay | South Amer. 1969 | -61 | 2 | -33 | -23 | -0,0000000812 |
| Pays de Galles | Ordnance Survey Great Britain 1936 | 370 | -108 | 434 | 574 | 0,0000119600 |
| Pays-Bas | European 1950 | -87 | -96 | -120 | -251 | -0,0000141927 |
| Pérou | Provisional South American 1956 | -279 | 175 | -379 | -251 | -0,0000141927 |
| Pérou | South Amer. 1969 | -58 | 0 | -44 | -23 | -0,0000000812 |
| Philippines | Luzon | -133 | -77 | -51 | -69 | -0,0000372646 |
| Phoenix (îles) | Canton Astro 1966 | 298 | -304 | -375 | -251 | -0,0000141927 |
| Pitcairn (île) | Pitcairn Astro 1967 | 185 | 165 | 42 | -251 | -0,0000141927 |
| Pologne | S-42 Pulkovo 1942 | 23 | -124 | -82 | -108 | 0,0000004808 |
| Porto Rico | Puerto Rico | 11 | 72 | -101 | -69 | -0,0000372646 |
| Portugal | European 1950 | -84 | -107 | -120 | -251 | -0,0000141927 |
| Qatar | Qatar National | -128 | -283 | 22 | -251 | -0,0000141927 |
| Réunion (La) | Piton-des-Neiges REUN47 | 94 | -948 | -1292 | -251 | -0,0000141927 |
| Réunion (La) | RGR92 | 0 | 0 | 0 | 0 | 0,0000000000 |
| Roumanie | S-42 Pulkovo 1942 | 28 | -121 | -77 | -108 | 0,0000004808 |
| Russie | Pulkovo 1942 | 28 | -130 | -95 | -108 | 0,0000004808 |
| Sainte-Hélène (île) | Astro DOS 71/4 | -320 | 550 | -494 | -251 | -0,0000141927 |
| Saint-Kitts-et-Nevis | Fort Thomas 1955 | -7 | 215 | 225 | -112 | -0,0000547507 |
| Salvador | North American 1927 | 0 | 125 | 194 | -69 | -0,0000372646 |
| Salvage Islands | Selvagem Grande 1938 | -289 | -124 | 60 | -251 | -0,0000141927 |

| Pays ou région | Système géodésique | DX | DY | DZ | DA | DF |
|---|---|---|---|---|---|---|
| Samoa-Américaines (îles) | American Samoa 1962 | -115 | 118 | 426 | -69 | -0,0000372646 |
| Sandwich du Sud (îles) | ISTS 061 Astro 1968 | -794 | 119 | -298 | -251 | -0,0000141927 |
| Sardaigne | European 1950 | -97 | -103 | -120 | -251 | -0,0000141927 |
| Sardaigne | Rome 1940 | -225 | -65 | 9 | -251 | -0,0000141927 |
| Sénégal | Adindan | -128 | -18 | 224 | -112 | -0,0000547507 |
| Serbie | Hermannskogel | 653 | -212 | 449 | 653 | 0,0000100375 |
| Shetland (îles) | European 1950 | -86 | -96 | -120 | -251 | -0,0000141927 |
| Shetland (îles) | Ordnance Survey Great Britain 1936 | 384 | -111 | 425 | 574 | 0,0000119600 |
| Sicile | European 1950 | -97 | -88 | -135 | -251 | -0,0000141927 |
| Sierra Leone | Sierra Leone 1960 | -88 | 4 | 101 | -112 | -0,0000547507 |
| Singapour | Kertau 1948 | -11 | 851 | 5 | 833 | 0,0000283614 |
| Singapour | South Asia | 7 | -10 | -26 | -18 | 0,0000004808 |
| Slovaquie | S-42 Pulkovo 1942 | 26 | -121 | -78 | -108 | 0,0000004808 |
| Slovaquie | S-JTSK | 589 | 76 | 480 | 740 | 0,0000100375 |
| Société (îles de la ) | Tahaa | 65 | 342 | 77 | -251 | -0,0000141927 |
| Société (îles de la ) | Tahiti-Terme Nord | 162 | 117 | 154 | -251 | -0,0000141927 |
| Somalie | Afgooye | -43 | -163 | 45 | -108 | 0,0000004808 |
| Soudan | Adindan | -161 | -14 | 205 | -112 | -0,0000547507 |
| Sri Lanka | Kandawala | -97 | 787 | 86 | 861 | 0,0000283614 |
| St-Pierre et Miquelon | St-Pierre et Mique-lon 1950 | 30 | 430 | 368 | -69 | -0,0000372646 |
| Suède | European 1979 | -86 | -98 | -119 | -251 | -0,0000141927 |
| Suisse | European 1950 | -87 | -96 | -120 | -251 | -0,0000141927 |
| Sumatra | Djakarta (Batavia) | -377 | 681 | -50 | 740 | 0,0000100375 |
| Surinam | Zanderij | -265 | 120 | -358 | -251 | -0,0000141927 |

| Pays ou région | Système géodésique | DX | DY | DZ | DA | DF |
|---|---|---|---|---|---|---|
| Swaziland | Arc 1950 | -134 | -105 | -295 | -112 | -0,0000547507 |
| Syrie | European 1950 | -103 | -106 | -141 | -251 | -0,0000141927 |
| Taiwan | Hu-Tzu-Shan | -637 | -549 | -203 | -251 | -0,0000141927 |
| Tanzanie | Arc 1960 | -175 | -23 | -303 | -112 | -0,0000547507 |
| Tasmanie | Australian Geodetic 1966 | -133 | -48 | 148 | -23 | -0,0000000812 |
| Tasmanie | Australian Geodetic 1984 | -134 | -48 | 149 | -23 | -0,0000000812 |
| Tchèque (Rép.) | S-42 Pulkovo 1942 | 26 | -121 | -78 | -108 | 0,0000004808 |
| Tchèque (Rép.) | S-JTSK | 589 | 76 | 480 | 740 | 0,0000100375 |
| Tern Island | Astro Tern Island (FRIG) 1961 | 114 | -116 | -333 | -251 | -0,0000141927 |
| Terre Adélie : île des Pétrels | IGN 1972 | 365 | 194 | 166 | -251 | -0,0000141927 |
| Terre Adélie : Pointe-Géologie | Perroud 1950 | 325 | 154 | 172 | -251 | -0,0000141927 |
| Terre de Feu (Chili) | Provisional South Chilean 1963 | 16 | 196 | 93 | -251 | -0,0000141927 |
| Thaïlande | Indian 1954 | 217 | 823 | 299 | 861 | 0,0000283614 |
| Thaïlande | Indian 1975 | 210 | 814 | 289 | 861 | 0,0000283614 |
| Trinité-et-Tobago | Naparima BWI | -10 | 375 | 165 | -251 | -0,0000141927 |
| Trinité-et-Tobago | South Amer. 1969 | -45 | 12 | -33 | -23 | -0,0000000812 |
| Tristan da Cunha (île) | Tristan Astro 1968 | -632 | 438 | -609 | -251 | -0,0000141927 |
| Tunisie | Carthage | -263 | 6 | 431 | -112 | -0,0000547507 |
| Tunisie | European 1950 | -112 | -77 | -145 | -251 | -0,0000141927 |
| Turks (îles) | North American 1927 | -3 | 142 | 183 | -69 | -0,0000372646 |
| Uruguay | Yacare | -155 | 171 | 37 | -251 | -0,0000141927 |

| Pays ou région | Système géodésique | DX | DY | DZ | DA | DF |
|---|---|---|---|---|---|---|
| Venezuela | Provisional South American 1956 | -295 | 173 | -371 | -251 | -0,0000141927 |
| Venezuela | South Amer. 1969 | -45 | 8 | -33 | -23 | -0,0000000812 |
| Vierges (îles) | Puerto Rico | 11 | 72 | -101 | -69 | -0,0000372646 |
| Vietnam | Indian 1960 | 198 | 881 | 317 | 861 | 0,0000283614 |
| Wake (île de) | Wake Island Astro 1952 | 276 | -57 | 149 | -251 | -0,0000141927 |
| Wallis | MOP78 | 252 | -132 | -125 | -251 | -0,0000141927 |
| Zambie | Arc 1950 | -147 | -74 | -283 | -112 | -0,0000547507 |
| Zimbabwe | Arc 1950 | -142 | -96 | -293 | -112 | -0,0000547507 |

annexe

# B

# Bibliographie et sites Internet

## Ouvrages sur le GPS


- *GPS et Navigation Maritime*, Les guides du SHOM, 940-ROA. Mise à jour régulière.
- *Systèmes par satellite et à infrastructure terrestre*, Radionavigation, t. I, SHOM, 911-RNA. Mise à jour régulière. Cet ouvrage actualise la liste des stations GPS différentielles disponibles dans le monde.
- *GPS – Localisation et navigation par satellites*, Serge Botton *et al.*, 2e édition revue et augmentée, Hermès Science Publications, 2005.
- *Global Positioning System, Theory and Practice*, Hoffmann-Wellenhof *et al.*, Springer-Verlag, 2001.

# Sites Internet sur le GPS

Les sites suivants sont les sites officiels du GPS maintenus par des organismes gouvernementaux américains.

- http://www.gps.gov – Site officiel du GPS maintenu par le gouvernement américain.
- http://www.navcen.uscg.gov – Site maintenu par le centre de navigation des gardes-côtes américains. Il contient toutes les informations concernant l'état actuel du système, les almanachs, les spécifications techniques, et autres renseignements utiles.
- http://www.ngs.noaa.gov/orbits – Site maintenu par le département des Transports américains, chargé de fournir aux civils les éphémérides des satellites GPS.
- http://igscb.jpl.nasa.gov – L'IGS (*International GNSS Service*) recueille, archive et fournit des données provenant des satellites GPS et Glonass, permettant d'effectuer des postcorrections ou d'autres travaux scientifiques.

Les sites suivants, maintenus à titre privé, offrent de nombreux renseignements utiles.

- http://www.edu-observatory.org/gps/gps.html – Site contenant de nombreux renseignements techniques et pratiques ainsi que des liens sur le GPS.
- http://gpsinformation.net – Ce site fournit de nombreux renseignements pratiques et des liens sur le GPS.
- http://www.gpsy.com/gpsinfo – Fournit des liens vers de nombreux sites Internet intéressants.

# Sites Internet européens sur Galileo et les systèmes d'amélioration du GPS

- http://www.esa.int/esaNA/index.html – Site de l'Agence Spatiale Européenne sur les systèmes Egnos et Galileo.
- http://egnos-portal.gsa.europa.eu – Site officiel sur le système Egnos.

# Ouvrages sur la navigation et la cartographie

- *Méthodes et instruments de navigation*, Guide du navigateur, t. II, SHOM. Mise à jour régulière.
- *Cours de Navigation*, Bernard Abalan, De Vecchi, 2006.
- *L'hydrographie, les documents nautiques, leurs imperfections et leur bon usage*, SHOM, 2004.

# Sites Internet sur la navigation et la cartographie

- http://www.ign.fr – Site Internet de l'Institut Géographique National français.
- http://www.ngi.be – Site Internet de l'Institut Géographique National belge.
- http://www.shom.fr – Site Internet du Service Hydrographique et Océanographique de la Marine.
- http://seig.ensg.ign.fr – Serveur éducatif dédié à l'information géographique, réalisé par l'IGN et le ministère de l'Éducation nationale.
- http://www.openstreetmap.fr/ – Projet collaboratif visant à créer des cartes du monde, libres de droits, d'utilisation et de modifications.

# Standard RTCM et norme NMEA

- http://www.rtcm.org – Renseignements pour se procurer le document sur le standard RTCM (*Recommended Standards for Differential Navstar GPS Service*).
- http://www.nmea.org – Nombreux renseignements sur la norme NMEA.

annexe

C

# Glossaire

Acronymes et abréviations relatifs aux systèmes de positionnement par satellites.

**2D** Positionnement en 2 dimensions (latitude et longitude) où l'altitude est fixe.

**3D** Positionnement en 3 dimensions : latitude, longitude et altitude.

**3G** Système de téléphonie mobile de 3e génération (UMTS).

## - A -

### A-J Anti-Jamming

Système évitant le brouillage des signaux. La technique de transmission des signaux GPS, appelée CDMA, possède un très large spectre et est ainsi difficile à brouiller.

### A-S Anti-Spoofing

Technique antileurre interdisant à des forces hostiles de falsifier les informations transmises. C'est le processus utilisé pour coder le P-code. Le code crypté, ainsi obtenu, est appelé Y-code et nécessite une clé spéciale pour être reçu.

### AGPS Assisted GPS

Système où le récepteur GPS est réduit au minimum et est assisté par un serveur distant, généralement connecté à l'aide d'un réseau de téléphonie mobile.

## - B -

### BIH Bureau International de l'Heure

C'est le BIH qui est chargé de surveiller et de signaler lorsqu'une seconde doit être ajoutée à l'heure UTC. Cette information est mise à jour dans les données transmises par les satellites.

### BPSK Bipolar-Phase Shift Key

Technique modulant une porteuse par sauts de phase bipolaire. Elle est utilisée pour moduler les signaux du GPS transmis par les satellites. Voir chapitre 9, section *Caractéristiques électriques des signaux.*

### BRG Bearing

Direction du prochain waypoint. Voir chapitre 4, section *Direction du prochain waypoint.*

# - C -

## C/A Code Coarse Acquisition Code

Code d'acquisition dit grossier modulant la porteuse L1 destinée aux récepteurs GPS civils. Voir chapitre 9, section *Caractéristiques électriques des signaux*.

## CC Composite Clock

L'ensemble des horloges des stations terriennes et des satellites forme l'horloge composite. La précision de cette horloge est supérieure à un millionième de seconde.

## CDMA Code Division Multiple Access

Technique permettant à plusieurs émetteurs de transmettre sur une même fréquence et d'être reconnus grâce à un code qui leur est propre. Présentant une très bonne immunité aux brouillages, elle est employée depuis de nombreuses années par les militaires. Les signaux GPS sont codés au moyen de cette technique, chaque satellite étant reconnu d'après son code PRN.

## CEP Circular Error Probable

Écart circulaire probable.

## CMG Course Made Good

Direction depuis le point de départ, ou le dernier waypoint d'une route, vers la position courante.

## COG Course Over Ground

Information fournie par les récepteurs GPS indiquant la direction de déplacement par rapport au sol lorsque l'on se déplace sur l'eau ou dans les airs. Pour le GPS, l'indication COG est identique à TRK. Voir chapitre 4, section *Direction suivie*.

**CS Control Segment**

Le segment de contrôle est constitué des stations terriennes de surveillance des satellites GPS, de la station maître et des trois antennes terriennes. Voir chapitre 1, section *Segment de contrôle.*

**CTS Course To Steer**

Cette information indique directement le cap à suivre au moyen du compas magnétique pour atteindre le prochain waypoint. Il est indispensable dans ce cas qu'un compas électronique soit connecté au récepteur GPS.

## - D -

**DBR Differential Beacon Receiver**

Récepteur de signaux GPS différentiel.

**dBW Décibel Watt**

Unité de mesure quantifiant le niveau d'un signal reçu par rapport à un signal de référence de 1 watt.

**DGPS Differential GPS**

GPS différentiel. Voir chapitre 5.

**DoD Department of Defense**

Département de la Défense des États-Unis.

**DoP Dilution of Precision**

Diminution de la précision. Également appelée GDOP.

**DoT Department of Transportation**

Département des Transports des États-Unis. Organisme chargé de gérer le GPS pour les civils ainsi que l'interface avec le DoD.

### dRMS Distance Root Mean Square

Racine de la moyenne des carrés des distances entre une position connue et un ensemble de points relevés.

### DST

Distance jusqu'au prochain waypoint. Voir chapitre 4, section *Distance au prochain waypoint*.

### DTG Distance To Go

Distance jusqu'au prochain waypoint. Également appelée DST.

### DTK Desired Track

Direction du prochain waypoint mesuré au point de départ ou depuis le dernier waypoint dépassé.

## - E -

### ECEF Earth-Centered, Earth-Fixed

Positionnement en 3 dimensions dont l'origine des trois axes est le centre de la Terre. Voir chapitre 2, section *Positionnement en trois dimensions*.

### ED 50 European Datum 1950

Système géodésique utilisé par la majorité des cartes françaises.

### Egnos European Geostationary Navigation Overlay Service

Système européen améliorant la précision et la disponibilité du GPS. Voir chapitre 5, section *Egnos*.

### ENC Electronic Navigational Chart

Carte électronique de type vectoriel.

### ENSS European Navigation Satellite System

Système européen de navigation par satellites comprenant les systèmes Egnos et Galileo.

**EPE Estimated Position Error**

Estimation de la précision de la position effectuée par le récepteur en fonction des informations telles que UERE et GDOP.

**ETA Estimated Time of Arrival**

Heure d'arrivée estimée en fonction du VMG et de la distance au prochain waypoint. Voir chapitre 4, section *Heure d'arrivée.*

**ETE Estimated Time Enroute**

Temps nécessaire pour atteindre le prochain waypoint. Voir chapitre 4, section *Temps pour arriver au prochain waypoint.*

## - F -

**FAA Federal Aviation Administration**

Administration de l'aviation américaine.

**FOC Full Operational Capability**

État déclaré lorsqu'un système est 100 % opérationnel. Le GPS FOC a été déclaré le 17 juillet 1995.

**FRP Federal Radionavigation Plan**

Document consignant les objectifs du GPS établis conjointement par le DoD et le DoT.

## - G -

**Galileo**

Projet visant à fournir à l'Europe une autonomie totale en matière de positionnement.

## GDOP Geometry Dilution of Precision

Diminution de la précision d'origine géométrique. Voir chapitre 3, section *Diminution de la précision.*

## Glonass Global Navigation Satellite System

Système russe de navigation par satellites équivalant au système GPS américain.

## GMT Greenwich Mean Time

Heure universelle au méridien de Greenwich. Le terme GMT est aujourd'hui remplacé par UTC.

## GNSS Global Navigation Satellite System

Système mondial regroupant dans un premier temps divers systèmes de positionnement tels que GPS, Glonass, Egnos, WAAS... Cette première phase porte le nom de GNSS-1. La deuxième phase, appelée GNSS-2, sera composée du système européen Galileo et d'une version améliorée du GPS.

## GPS Global Positioning System

Système de positionnement global.

## GPS naturel

Dénomination du GPS sans correction différentielle.

## GPSIC GPS Information Center

Centre d'information du GPS maintenu par les gardes-côtes américains, aujourd'hui remplacé par le Centre de navigation (NAVCEN). Voir chapitre 10, section *Informations aux utilisateurs.*

## GSM Global System for Mobile

Système de téléphonie mobile de 2^e^ génération.

# - H -

## HDOP Horizontal Dilution of Precision

Diminution de la précision horizontale. Voir chapitre 3, section *Diminution de la précision.*

## HOW Hand Over Word

Mot de livraison des signaux GPS. Voir chapitre 9, section *Mot de livraison.*

# - I -

## IOC Initial Operational Capability

État déclaré lorsqu'un système est opérationnel. Le GPS IOC a été déclaré le 8 décembre 1993.

## IODC Issue of Data, Clock

Champ de données des signaux GPS indiquant aux récepteurs si des informations de correction ont été modifiées. Voir chapitre 9, section *Horloge et état de fonctionnement du satellite.*

## IODE Issue of Data, Ephemeris

Champ de données des signaux GPS indiquant aux récepteurs si des informations concernant les éphémérides ont été modifiées. Voir chapitre 9, section *Éphémérides du satellite.*

# - L -

## L1

Signal primaire du GPS de fréquence 1 575,42 MHz émis par les satellites et contenant les informations destinées aux civils et aux militaires.

### L2

Signal secondaire du GPS de fréquence 1 227,6 MHz émis par les satellites et contenant les informations destinées aux militaires américains.

### L2C

Signal secondaire du GPS destiné aux civils, permettant d'améliorer la précision pour les applications commerciales.

### L5

Signal secondaire du GPS destiné à l'aviation civil, permettant d'améliorer la précision et l'intégrité.

### LAAS Local Area Augmentation System

Système améliorant les performances du GPS près des lieux où une grande précision est nécessaire, comme aux abords des aéroports.

### LDGPS Local area Differential GPS

Émetteur DGPS local. Voir chapitre 5, section *Émetteurs DGPS locaux*.

## - M -

### MCS Master Control Station

Station de contrôle maître située à *Schriever Air Force Base* à Colorado Springs aux États-Unis. Elle constitue le centre de contrôle général du système GPS. Voir chapitre 1, section *Segment de contrôle*.

### MOB Man Over Board

Fonction des récepteurs GPS mémorisant la position courante comme waypoint actif. Voir chapitre 4, section *Homme à la mer*.

### MSAS Multi Satellite-based Augmentation System

Système japonais de satellites améliorant les performances du GPS.

### MSK Minimum Shift Keying

Technique de modulation consistant à déphaser un signal de la valeur minimale. Les balises de navigation maritime l'utilisent pour transmettre les signaux de correction du GPS différentiel.

### MSL Mean Sea Level

Niveau moyen de la mer. Il sert à définir l'altitude zéro du géoïde utilisé par le GPS. Voir chapitre 6, section *Modélisation de la surface terrestre.*

## - N -

### NANU Notice Advisory to Navstar Users

Bulletin d'informations émis par les gardes-côtes américains et destiné aux utilisateurs du GPS. Il les renseigne sur l'état actuel du système.

### NAVCEN Navigation Center

Centre de navigation des gardes-côtes américains chargé, entre autres, de diffuser toutes les informations concernant le GPS aux utilisateurs civils.

### Navsat Navigation Satellite system

Ce système, également connu sous le nom de Transit ou Satnav, est un ancien système de positionnement utilisant 4 ou 5 satellites en orbites polaires. Contrairement au GPS, il ne pouvait fournir une position que toutes les heures.

### Navstar

Nom officiel du GPS.

### NMEA National Marine Electronics Association

Association chargée de définir les standards pour les équipements électroniques marins. Le standard NMEA 0183 permet de connecter un récepteur GPS à d'autres appareils. Voir chapitre 8, section *Le standard NMEA 0183.*

**NSC Non-Standard C/A code**

Code C/A incorrect, intentionnellement émis par un satellite lorsqu'il détecte une anomalie quelconque, afin d'éviter que le récepteur n'utilise des messages de navigation erronés.

**NTF Nouvelle Triangulation de la France**

Nouveau système géodésique français destiné à remplacer le système ED 50 pour les prochaines cartes françaises.

**NTS Navigation Technology Satellite**

Satellite de première génération qui contient une horloge atomique, utilisé pour l'étude du système GPS.

## - O -

**OAB Operational Advisory Broadcasts**

Bulletin renseignant sur l'état global du GPS, émis par le Centre d'information du GPS (GPSIC).

**OSM OpenStreetMap**

Cartographie communautaire libre.

## - P -

**P-code Precise Code**

Code de précision du PPS destiné aux militaires américains et à leurs alliés.

**PDA Personal Digital Assistant**

Ordinateur de poche.

### PDOP Position Dilution of Precision

Diminution de la précision de la position. Voir chapitre 3, section *Diminution de la précision.*

### PNA Personal Navigation Assistant

Voir PND.

### PND Personal Navigation Device

Navigateur GPS : récepteur GPS autonome comprenant un système de cartographie intégré ne réclamant pas d'être connecté à un autre appareil pour être utilisé (comme un ordinateur, un PDA ou un téléphone mobile).

### POI Point of Interest

Point d'intérêt fourni par les systèmes de cartographie et pouvant être utilisé comme waypoint.

### PPS Precise Positioning Service

Service du GPS fournissant une plus grande précision et destiné exclusivement aux militaires américains et à leurs alliés. Le PPS nécessite des récepteurs GPS spécialisés ainsi qu'une clé de décryptage.

### PRN Pseudo Random Noise

Code pseudo-aléatoire identifiant le signal émis par chaque satellite. Le numéro de PRN est utilisé par les récepteurs GPS pour différencier les signaux des satellites. Voir chapitre 9, section *Acquisition des signaux.*

### Pseudo-distance/Pseudorange

Distance apparente d'un satellite calculée par le récepteur GPS d'après les informations reçues du satellite, lorsque les horloges du récepteur et du satellite ne sont pas synchronisées. Lorsque plusieurs pseudo-distances sont obtenues, l'horloge du récepteur peut être ajustée et les véritables distances des satellites sont alors calculées avec précision.

# - R -

**RAIM Receiver Autonomous Integrity Monitoring**

Méthode utilisée par certains récepteurs GPS pour déterminer si les informations reçues d'un satellite sont erronées, par l'observation de six autres satellites. Les informations douteuses seront rejetées par le récepteur et ne seront donc pas utilisées pour le calcul d'une position.

**RDS-TMC Radio Data System-Traffic Message Channel**

Voir TMC.

**RGF Réseau Géodésique Français**

**RHCP Right Hand Circularly Polarized**

Polarisation du signal émis par les satellites GPS, permettant à l'antenne du récepteur de ne pas être orientée dans une direction privilégiée pour recevoir correctement les signaux.

**Rinex Receiver Independent Exchange**

Format d'échange indépendant du récepteur. Il est utilisé pour sauvegarder les informations reçues des satellites GPS, afin qu'elles puissent ensuite être traitées en vue d'améliorer la précision des relevés effectués en mode statique.

**RMS Root Mean Square**

Moyenne quadratique.

**RNC Raster Navigational Chart**

Carte électronique de type matriciel.

**RTCM Radio Technical Commission for Maritime Services**

Commission définissant les signaux radio destinés aux services maritimes. Le protocole RTCM SC-104 est utilisé pour la transmission des informations DGPS. Voir chapitre 8, section *Le protocole RTCM 104*.

**RTK Real Time Kinematic**

Système de correction des signaux GPS permettant une précision de l'ordre du centimètre à un récepteur mobile.

## - S -

**S/A, SA Selective Availability**

La disponibilité sélective, appelée SA, est la technique employée par l'armée américaine pour dégrader les performances des signaux GPS accessibles aux civils. Le SA a été utilisé jusqu'en mai 2000. Voir chapitre 3, section *Validité sélective.*

**SBAS Satellite-Based Augmentation System**

Service de correction différentiel intégrant les systèmes Egnos, WAAS, GAGAN et MSAS, et s'inscrivant dans la première phase du système GNSS.

**SEP Spherical Error Probable**

Écart sphérique probable.

**SHOM Service Hydrographique et Océanographique de la Marine**

**SOG Speed Over Ground**

Vitesse par rapport au sol ou vitesse de fond. Cette information est également notée SPD par certains récepteurs GPS. Voir chapitre 4, section *Vitesse de fond.*

**SPD Speed**

Indique la vitesse de déplacement. Pour le GPS, cette information est identique à SOG. Voir chapitre 4, section *Vitesse de fond.*

**SPS Standard Positioning Service**

Service de positionnement dégradé fourni aux civils par le GPS. C'est le GPS tel que nous le connaissons. Voir chapitre 1, section *Le SPS.*

### SS Space Segment

Un des trois segments composant le GPS. Le segment spatial est constitué de l'ensemble des satellites GPS. Voir chapitre 1, section *Segment spatial.*

### SV Space Vehicle

Satellite GPS. Voir chapitre 1, section *Segment spatial.*

### SVN Space Vehicle Number

Numéro identifiant un satellite GPS. Ce n'est pas lui qui est affiché par les récepteurs GPS, mais le numéro PRN.

## - T -

### TAE Track Angle Error

Erreur de cap par rapport au cap à suivre pour se rendre au prochain waypoint. Voir chapitre 4, section *Erreur de cap.*

### TDOP Time Dilution of Precision

Diminution de la précision de l'heure. Voir chapitre 3, section *Diminution de la précision.*

### TLM Telemetry

Information transmise par les satellites permettant au récepteur de calculer la distance du satellite. Voir chapitre 9, section *Mot de télémétrie.*

### TMC Traffic Message Channel

Informations sur le trafic routier diffusées en temps réel au moyen du service RDS par certaines radios FM ou par les émetteurs de téléphonie mobile GPRS/3G. Ces informations sont ensuite transmises au système de navigation qui peut modifier l'itinéraire le cas échéant.

### TOW Time of Week

Information fournie par les satellites au récepteur et définissant l'heure par rapport au début de la semaine. Voir chapitre 9, section *Mot de livraison.*

**TRK Track**

Information fournie par les récepteurs GPS indiquant la direction de déplacement. Voir chapitre 4, section *Direction suivie.*

**TT&C Telemetry, Tracking and Commanding**

Fonctions assurées par les trois antennes terriennes et assurant la liaison entre les satellites GPS et la station de contrôle.

**TTFF Time to First Fix**

Temps mis par un récepteur GPS pour donner une première position après sa mise en route.

**TTG Time to Go**

Temps nécessaire pour atteindre le prochain waypoint. Également appelé ETE par certains récepteurs GPS. Voir chapitre 4, section *Temps pour arriver au prochain waypoint.*

## - U -

**UERE User Equivalent Range Error**

Représente l'erreur de la mesure des pseudo-distances. Cette valeur et le GDOP permettent d'estimer la précision de la position fournie par un récepteur GPS.

**UHNE User Horizontal Navigation Error**

Représente l'erreur de positionnement horizontale. Cette valeur est calculée à partir de l'UERE de chaque satellite entrant dans le calcul de la position et du HDOP.

**UMTS Universal Mobile Telecommunications System**

Système de téléphonie mobile de 3$^{e}$ génération.

**UPS Universal Polar Stereographic**

Représentation remplaçant le système UTM dans les régions polaires.

### URA User Range Accuracy

Information diffusée par les satellites dans le message de navigation, fournissant à l'utilisateur une estimation de la précision de la distance au satellite. Cette valeur est notée de 0 à 15. Voir chapitre 9, section *Horloge et état de fonctionnement du satellite.*

### USCG United States Coast Guard

Garde-côtes américain.

### UTC Universal Time Coordinated

Temps universel coordonné (TUC), autrefois appelé GMT. Voir chapitre 4, section *Temps UTC.*

### UTM Universal Transverse Mercator

Projection transversale de Mercator utilisée en cartographie. Voir chapitre 6, section *Le système UTM.*

### UVNE User Vertical Navigation Error

Représente l'erreur de positionnement verticale. Cette valeur est calculée à partir de l'UERE de chaque satellite entrant dans le calcul de la position et du VDOP.

## - V -

### VDOP Vertical Dilution of Precision

Diminution de la précision verticale. Voir chapitre 3, section *Diminution de la précision.*

### VMG Velocity Made Good

Vitesse efficace d'approche du prochain waypoint. Voir chapitre 4, section *Vitesse d'approche du waypoint.*

# - W -

**WAAS Wide Area Augmentation System**

Système américain améliorant les performances du GPS. Ce service est uniquement accessible aux États-Unis.

**WAG Wireless Assisted GPS**

Voir AGPS.

**Waypoint**

Point de passage d'une route, mémorisé par le récepteur GPS. Voir chapitre 4, section *Waypoints.*

**WDGPS Wide area differential GPS**

GPS différentiel à large couverture. Voir chapitre 5, section *Émetteur DGPS à large couverture.*

**WGS 84 World Geodetic System – 1984**

Système géodésique mondial utilisé par le GPS.

# - X -

**XTE Cross-Track Error**

Erreur par rapport à la route théorique. Voir chapitre 4, section *Écart de route.*

# - Y -

**Y-code**

Désigne le P-code crypté. Voir A-S.

# Index

Dépôt légal : décembre 2011
N° d'éditeur : 8646
IMPRIMÉ EN FRANCE

Achevé d'imprimer le 5 décembre 2011
sur les presses de l'imprimerie « La Source d'Or »
63039 Clermont-Ferrand
Imprimeur n° 12832

IMPRIM'VERT

PEFC
PEFC/10-31-2008

*Dans le cadre de sa politique de développement durable, La Source d'Or a été référencée IMPRIM'VERT® par son organisme consulaire de tutelle.*
*Cet ouvrage est imprimé - pour l'intérieur - sur papier offset "Amber Graphic" 90 g provenant de la gestion durable des forêts, des papeteries Arctic Paper dont les usines ont obtenu les certifications environnementales ISO 14001 et E.M.A.S.*